LISA RÖCKENER

MEIN LEBEN MIT DEN — PFERDEN

MIT KOSMOS MEHR ENTDECKEN

MIT **TRAININGS-IDEEN**

FÜR FREIZEIT & SHOW

SEIT 1822

KOSMOS

INHALT

4 **Mit liebevoller Freundlichkeit**
6 **Hallo!**

8 Mein Leben mit den Pferden

11 **Lebenslauf mit Pferden**
12 Meine ersten Ponys
14 Erste Turniererfahrungen
15 Humpfrey
21 Studieren
22 Pendeln
24 Mein erstes Treffen mit Valoo
29 Kennenlernen
31 Trainingsbasics step by step
41 Unser erster Ausritt
43 Zeit des Lernens
50 Rückwärts an der Hand
52 Im Gelände
55 Auf zum Turnier
60 Vorwärts-seitwärts an der Hand
61 Trab und Galopp an der Hand
62 Fitness- und Aufwärmprogramme
71 Zirkuslektionen und mehr
73 Spanischer Schritt
81 Halsringreiten
87 Spaß und Erfolg
94 Lehrgänge
96 Agility und Vielseitigkeit
106 Schreckhindernisse
108 Valoos Bruder
112 Andere Pferde
114 Baltic Horse Show
120 Ein neues Jahr beginnt
123 Mein Fohlen
126 Ich, die Influencerin?
131 Filme drehen
132 Mein Unfall: Wendepunkt im Leben
133 Equitana Hop-Top-Show
136 Auf nach Prag!
142 Jedes Pferd ist anders
146 Neid im Reitsport
148 Social Media
151 Glücklich sein

Step by step Trainingsseiten

32 Führen
46 Volten
56 Kruppe herein
66 Rückwärts
74 Dreh dich
90 Rufen
98 Spanischer Schritt

154 Service

155 Nützliche Adressen
156 Zum Weiterlesen
157 Register

uvex
Cavallo

Mit liebevoller Freundlichkeit

Lisa und ich lernten uns durch den „Ball des Sports“ kennen, der im Jahr 2020 im Zeichen des Reitsports stand. Ich wurde gebeten, die Vielseitigkeit im Ballsaal zu präsentieren. In der Vorbereitung auf dieses Event erinnerte ich mich an die letzte Hop-Top-Show der EQUITANA, in der mich Lisa und Valoo total beeindruckt und begeistert hatten. Lisa und Valoos Lockerheit, ihre Partnerschaft, ihr grenzenloses Vertrauen und auch die Kombination von klassischem Reiten mit Horsemanship, Freiheitsdressur und Show, fand ich einfach toll.
Seit der EQUITANA begleitete ich Lisa in den sozialen Netzwerken und fragte sie, ob sie sich vorstellen könnte, mir Valoo für das Springen eines festen Hindernisses im Ballsaal zur Verfügung zu stellen. Sie konnte – und so kam sie mit ihrem Bruder Matthes und Valoo nach Frankfurt.
Im Vorfeld des Balls konnten wir uns näher kennenlernen. Wir verstanden uns auf Anhieb, lachten viel und stellten fest, dass wir voll auf einer Wellenlänge liegen. Wir teilen die Freude und Begeisterung für Pferde, die Partnerschaft und das gegenseitige Vertrauen. Und ich dachte damals: „Schade, wenn wir jetzt mehr Zeit hätten, würde ich mich gern noch viel mehr mit Lisa Trainingsideen beschäftigen.“ Lisa wiederum konnte ich ein wenig bei den Galoppwechseln helfen und ihr auch ein paar Tipps für ihre Dressur- und Springausbildung geben. Wir ergänzten uns sehr gut.

Philippa mit ihrem Pony Mustang.

Ingrid Klimke und ihre Stute EQUISTRO's Siena just do it.

Kurz darauf kam die Anfrage von der Online-Lernplattform wehorse, ob meine Tochter Philippa und ich bei Lisas Lehrfilmserie mitmachen wollten. Ich habe mit Begeisterung zugesagt und die beiden Tage mit Lisa, Philippa und unseren Pferden EQUISTRO's Siena just do it und Mustang sehr genossen: Sehr schön war, dass wir hinterher bei Lisa zum Essen waren und ich ihre ganze Familie kennenlernen konnte.

SEELENVERWANDTSCHAFT

Lisa hat eine so natürliche Art, ihr Training charmant rüberzubringen. Sie arbeitet mit der gleichen Konsequenz, die mir auch wichtig ist. Die Freiarbeit ist keineswegs Spielerei, sondern es steckt ein System dahinter. Ich glaube, jeder kann ganz viel von Lisa lernen: Ihre Einstellung und ihre Partnerschaft mit dem Pferd sind vorbildlich. Die Kombination aus klassischem Reiten und Horsemanship, mit diesem Verständnis und der Begeisterung für die Pferde ist eine ganz, ganz tolle Sache. Ich finde ihre Arbeit großartig.

Es gibt einfach Menschen, das ist wie mit Pferden, die trifft man, freut sich sofort und die Chemie stimmt – das ist bei Lisa und mir so. Wir haben eine Seelenverwandtschaft, das merken die Pferde. Lisa ist authentisch, natürlich, bodenständig, locker, unverstellt, unverblümt – sie ist einfach so, wie sie ist. Mit liebevoller Freundlichkeit.

DANKE, VALOO!

Valoo ist einzigartig, er hat einen wunderbaren Charakter und ist gleichzeitig total fein und sensibel. Er weiß genau, wenn's drauf ankommt. Er hat mich im Ballsaal so gut aussehen lassen und einen coolen Sprung gemacht. Das zweite „Schhhhht" habe ich vermasselt und ihn irritiert – und er hat trotzdem angehalten. Er ist ein richtiger Schatz und erinnert mich wirklich an einen Kumpel, fasst wie an einen Hund. Es ist einfach eine Freude, mit ihm zusammen zu sein.

Ingrid Klimke
Olympiasiegerin und Reitmeisterin

Hallo!

Liebe Leserinnen und liebe Leser,

nun habt ihr mein zweites, aber das erste komplett selbst geschriebene Buch in den Händen. „Ich und ein Buch schreiben?" Das konnte ich mir eigentlich gar nicht vorstellen. Und doch hat mich etwas dazu bewogen, diese Texte hier zu verfassen.
Ich habe in den letzten Jahren so viel erlebt, was nie geplant war. Es gab Begegnungen, die mir Türen öffneten, Erlebnisse mit wundervollen Momenten und Erfahrungen, die mich vor immer neue Herausforderungen stellten.
Diesen Weg möchte ich in diesem Buch mit euch gemeinsam noch einmal gehen. Erzählen, wie sich das alles entwickelt hat, und warum es so gekommen ist, wie es nun ist. Ich gebe euch einen Einblick in meine Trainingsgedanken, blicke auf vergangene Events zurück und schaue mit euch zusammen in mein Pferdetagebuch.
Außerdem wird es ein paar Trainingstipps für den Anfang der Bodenarbeit und dem Halsringreiten geben.
Ich möchte euch zeigen, wie ich Ziele erreicht habe, an die ich vorher noch nicht mal gedacht habe oder die weit weg irgendwo in meinen Träumen herumschwirrten. Ich bin dem Leben so dankbar, was ich erleben durfte, auch wenn der Auslöser dafür ein nicht ganz so schönes Erlebnis war, das ich später auch noch aufgreifen werde.
Ich kann jedem nur ans Herz legen, das Leben so zu nehmen wie es kommt und das Beste und Schönste daraus zu formen. Wir alle haben diese eine Chance, unser Leben zu gestalten mit allen Höhen und Tiefen, mit all den Fehlern und Problemen, aber auch Erfolgen und wunderbaren Momenten, die einem immer in Erinnerung bleiben.

Ich wünsche euch von Herzen viel Spaß beim Lesen meiner ganz persönlichen Geschichte.

Eure Lisa

MEIN LEBEN

MIT DEN PFERDEN

FAMILIE RÖCKENER

Das sind wir! Mein Papa Martin, meine Mama Kathrin, mein Bruder Matthes und ich. Dazu gehören natürlich unsere beiden Vierbeiner – Golden Doodle Momba und der kleine Kluntje. Umgeben sind wir meistens von all unseren Tieren.

Lebenslauf mit Pferden

Ich, Lisa Röckener, geboren am 28. April 1995, habe in den bisherigen 25 Jahren meines Lebens schon tolle Sachen erleben dürfen. Als Baby ging es für mich relativ schnell auf unsere Eselstute Ms. Bifi und die anderen Vierbeiner unserer Familie.

1

2

1 Zusammen mit meinem Cousin Felix ging es schon früh aufs Pony.

2 Stolz – mein erstes Turnier mit meinem Pony Winnetou.

MEINE FAMILIE

Als Teil einer Reiterfamilie hatte ich das große Glück, schon als Baby zwischen Vierbeinern aufwachsen zu können. Egal, ob Hunde, Katzen, Esel, Pferde und Ponys. Für mich war es normal, dass Tiere ein fester Bestandteil der Familie waren. Selbst der Urlaub wurde oft nach den Pferden ausgerichtet. Häufig ging es an die Nordsee – mit allen Pferden im Gepäck.

Schon mit zweieinhalb Jahren ritt ich das erste kleine Turnier im Nachbardorf. Zusammen mit meinem Pony Winnetou wurde ich von meinem Papa in einem Führzügelwettbewerb geführt.

1 Ich habe schon immer die Tiere als Teil meiner Familie gesehen.

2 Otto – Mamas geliebter Friese und mein treuester Freund der Kindheit.

In den letzten Jahren – seit etwa 2016 – darf ich große Shows und verschiedene Veranstaltungen mit meinem Pferd erleben und meiner Community online meine Pferdewelt zeigen. Nie hätte ich mir erträumen können, dass mein Leben diesen Weg gehen würde, und ich bin sehr gespannt, wohin er mich noch führen wird. Werde ich bald als Lehrerin an einer Schule arbeiten oder meine jetzige Arbeit mit den Pferden ausbauen?

MEINE ERSTEN PONYS

Neben Winnetou faszinierten mich natürlich auch die anderen Pferde der Familie. Vor allem Mamas Friese Otto war in meiner Kleinkindzeit mein bester Kumpel. Da kam es auch mal vor, dass ich plötzlich zwischen seinen Vorderbeinen stand, „Ei“ sagte und meinen Eltern kurz einen Schrecken eingejagt habe.
Zum Glück waren meine Eltern schon immer sehr offen und nicht

1

2

Otto ging immer vorsichtig mit uns Kindern um – ein perfektes Kinderpferd!

übervorsichtig. Auch wenn ich auf dem Misthaufen herumgeklettert bin, war das kein Problem – wozu gibt es denn sonst eine Dusche?
Ich bin sehr froh, schon als Kind so viel Lebenserfahrungen gemacht zu haben. Mit acht Jahren war ich dann zu groß für Winnetou und stieg auf ein neues Pony namens Solaika um. Solaika war ein super Pony mit viel Energie. Sobald die Stute über einen Sprung ging, war sie kaum noch zu bremsen. Ich konnte viel von und mit ihr lernen und machte mein Kleines Hufeisen und den Basispass Pferdekunde mit ihr. Sowohl bei Turnieren als auch beim Umzug auf dem Schützenfest war ich mit ihr am Start.
Beim Schützenfest – ein Fest, welches in den Dörfern hier einmal im Jahr gefeiert wird – ritt mein Papa oft als „Herold“, also als Vorreiter mit. Es war für mich immer ein tolles Erlebnis, und ich war total stolz auf die fünf Euro, die wir für den Umzugstag als Dankeschön bekamen.

ERSTE TURNIER-ERFAHRUNGEN

Mit Solaika ritt ich neben den Springreiterwettbewerben, die aus einer Dressur und einem kleinen Springpart mit Trabstangen bestanden, auch meine ersten Spring- und Dressurprüfungen im E-Bereich.
Mann, war ich damals aufgeregt vor jedem Turnier! Schon am Tag vorher legte ich meine Turniersachen zusammen, putzte meine Ledersachen (bis zum Erbrechen) und schrubbte mithilfe meiner Eltern und meiner „Babysitterin" Nicole, die danach noch lange Zeit bei uns geritten ist und zu einer guten Freundin wurde, mein Pony.
Leider konnte Solaika irgendwann nicht mehr geritten werden, weil sie einfach zu alt war. Meine große Schwester schenkte ihr einen tollen Lebensabend auf der Weide. Mit 26 Jahren kam sie nicht mehr hoch und wurde auf der Wiese eingeschläfert.
Nach Solaika ging meine Ponyzeit mit dem Kutschpony Chaplin – kurz genannt Chapy – weiter. Mit dem Schimmelwallach habe ich so einiges lernen und erleben dürfen. Wir kauften ihn als Kutschpony mit etwa zehn Jahren. Unser Ziel war es aber nicht, ihn nur vor die Kutsche zu spannen. Ich wollte weiterhin Dressur und Springen reiten. Wir konnten uns von den kleinen Wettbewerben bis zum A**-Springen und zur A-Dressur hocharbeiten. Sogar meine erste Geländeprüfung bin ich mit ihm in einem benachbarten Reitverein geritten. Das war ein Erlebnis – ich sag es euch. Noch nie hatte ich so viel Spaß! Mit Chapy erlebte ich allerdings auch einige Tiefs und musste lernen, dass

1 Auch in der Prüfung auf Solaika konnte ich einen Blick in die Kamera werfen.

2 Chapy gab im Springtraining alles, um mich sicher drüberzubringen.

1

2

1

2

nicht immer alles so lief, wie ich es mir vorstellte. Doch die tollen Momente überwogen, und ich schwelge noch heute in großartigen Erinnerungen, wenn ich an meine Ponyzeit zurückdenke.

Mit meiner jetzigen Körperlänge von 1,80 m war ich schon früh ziemlich groß. Im Jahr 2009 entschlossen wir uns, ein junges Pferd mit in die Familie zu holen. So konnte ich Chapy weiterhin reiten und mich nebenbei mithilfe von außenstehenden Trainern auf ein neues Pferd einstellen. Der Umstieg vom Pony aufs Pferd ist nämlich nicht immer ganz so einfach. Auch für mich stellte dies eine große Herausforderung dar.

HUMPHREY

Durch einen Zufall stießen wir auf den Heraldik-Nachkommen Humphrey. Er war vier Jahre alt und noch nicht wirklich weit ausgebildet. Wir überlegten ziemlich lange, ob wir uns dieser Herausforderung stellen sollten. Da aber meine ganze Familie pferdeverrückt ist und ich gute Trainer an meiner Seite hatte, entschieden wir uns für diesen Schritt.

Nach mehrmaligem Ausprobieren kauften meine Eltern Humphrey für mich. In der ersten Zeit ging es nur darum, dass er die Grundlagen lernte. Zwei meiner damaligen Trainer ritten ihn mit und unterstützten mich. Mein Ziel war es, auch mit einem Pferd in

1 Vor dem Turnier mussten wir Chapy immer stundenlang putzen.

2 Mein erster Geländeritt scheint sichtbar Spaß gemacht zu haben!

der Vielseitigkeit zu starten. Durch ein paar kleine Geländeprüfungen mit meinem Pony Chapy hatte ich Blut geleckt und wollte unbedingt ein „Buschi" werden.
Da Humphrey ja erst vierjährig war, bedeutete dies, dass es ein langer Weg werden würde. Wir fingen mit einigen A*-Springen an und ritten auch die ersten Dressurprüfungen. Nach einiger Zeit starteten wir dann mit dem Geländetraining, das uns zwar vor viele Herausforderungen stellte, aber auch enorm viel Spaß machte.
Ich werde nie vergessen, dass unsere schwerste Hürde zu Beginn das Reiten ins Wasser war, das Humphrey gerne mit einem Steigen begrüßte. Wie oft war ich in solchen Situationen verzweifelt und fragte mich, warum er sich so „stur" anstellte.
Aus heutiger Sicht – um einige Erfahrungen reicher – würde ich diese Situationen ganz anders einschätzen. Aber so ist es nun mal, und ohne die ganzen Rückschläge hätte ich es gar nicht bis zu meinem heutigen Wissensstand geschafft.
Humphrey entwickelte sich großartig, und wir konnten uns bis zu internationalen Vielseitigkeitsprüfungen im **-Bereich vorarbeiten. Die Nominierung in den Perspektivkader steigerte meine Motivation. Ich durfte unter anderem den Bundesentscheid zur Goldenen Schärpe in Thüringen reiten. Ich besuchte in der Zeit viele Lehrgänge an der Landeslehrstätte Pferdesport in Vechta und absolvierte Lehrgänge und Trainingstage in Warendorf, Luhmühlen und anderen schönen Orten.

Mit Humphrey ging es zur Goldenen Schärpe nach Thüringen. Wir erreichten den 4. Platz mit der Mannschaft – ein tolles Erlebnis!

AN DER NORDSEE

Im Watt ging es einmal im Jahr so richtig rund! Ich liebe es, die frische Meeresluft tief einzuatmen und mit guten Freunden ein Wettrennen nach dem anderen zu reiten.

Humphreys Ohren sind gespitzt – in einer CIC*-Prüfung voll konzentriert und mit Blick zum nächsten Hindernis.

Wendepunkt

Jeder Tag brachte uns neue Einblicke und Schwerpunkte. Wenn ich jetzt so zurückblicke, war es eine unbeschreibliche Zeit. Dennoch bin ich manchmal auch weinend vom Pferd gestiegen mit dem Gefühl, dass gar nichts klappte. Humphrey war zwischendurch verletzt. Allein das hat uns fast eineinhalb Jahre gekostet. Aber wir kämpften immer weiter. Ich hatte das Ziel, an den deutschen Meisterschaften teilzunehmen. Der Wunsch war so groß, dass ich manchmal ganz übersah, dass wir vielleicht ein paar Schritte zu schnell voran gegangen waren. In diesen Momenten war meine Mutter diejenige, die uns immer wieder zurück auf den Boden der Tatsachen brachte. Humphrey hatte schon vor unserem Kauf mit Magengeschwüren zu kämpfen, was sich aber erst deutlich später herausstellte. Er war ein sehr sensibles Pferd und hörte auf den Übernachtungsturnieren manchmal auf zu fressen. Wir versuchten alles, um es ihm so angenehm wie möglich zu machen. Anfang 2013 kam es dann zu dem Wendepunkt, den ich später auf Seite 132 noch einmal aufgreifen werde. Es kam zu einem Sturz beim Geländetraining bei uns zu Hause, der mich ins Krankenhaus und Humphrey in die Klinik brachte. Alles fiel in sich zusammen und ich

1 In Warendorf hatten wir perfekte Trainingsmöglichkeiten zur Vorbereitung.

2 Unser erstes M-Springen – das war ein tolles Gefühl!

wusste nicht mehr, wie es weitergehen sollte. Nach dem Sturz kamen wir zwar ganz langsam wieder zusammen und absolvierten sogar noch unser erstes M-Springen. Trotzdem hatte ich einfach kein gutes Gefühl mehr und fragte mich ständig, was ich falsch mache. Dass, was „falsch" war, fand in meinem Kopf statt. „Falsch" war dafür vielleicht auch gar nicht der richtige Ausdruck. In meinem Kopf spukten so viele Gedanken und Ängste herum, dass ich mir selbst bzw. uns im Wege stand. Sobald ich einen festen Sprung anritt, kamen die Bilder vom Sturz in mir hoch. Irgendwann verlor ich die Lust am Reiten. Den Turniersport legte ich für fast zwei Jahre komplett auf Eis.

ZEIT FÜR VERÄNDERUNG

Mein kleiner Bruder Matthes probierte zu dieser Zeit mit meinem Pony Chapy das Westernreiten aus und entdeckte dabei auch das Reiten mit Halsring. Als wir mit den Pferden in den Urlaub fuhren – natürlich kamen die Pferde auch weiterhin mit in die Ferien – gab er mir diesen damals in meinen Augen „komischen Ring", mit dem ich damals noch nicht viel anfangen konnte.
Der Halsring lag jederzeit griffbereit auf dem Zaun des Reitplatzes, und ich versuchte mein Glück. Über Wochen probierte ich den Ring immer mal wieder aus. Nach einer Weile klappte es mit der Lenkung, sodass ich auch

1

2

Matthes und Chapy konnten sich auch im Westernsport beweisen.

ganz ohne Trense reiten konnte. Irgendwie spukte aber immer noch der Turniersport in meinem Kopf. Das „alberne Halsringreiten" konnte doch nicht alles gewesen sein. Ich hätte damals nie erwartet, dass ich heute so viel vom Reiten mit Halsring halte würde.
Mama sagte, dass der Sturz sicher auch irgendwas Gutes mit sich bringe. Das war natürlich das Letzte, was ich im Krankenhaus und auch später hören wollte. Dass sie total recht haben würde, konnte ich da noch nicht ahnen.
Die Zeit verging, und meine Motivation zu reiten sank von Tag zu Tag. Ich sah es immer mehr als Pflicht an, mein Pferd bewegen zu müssen und stieg nur ganz selten mit einem Grinsen im Gesicht vom Pferd ab. Mir war klar, dass sich etwas ändern musste. Weihnachten 2013 erreichte ich den Tiefpunkt. Meine Eltern schenkten mir ein Reitpad. Einerseits freute ich mich über das Geschenk,

andererseits wurde ich nachdenklich, ob ich es überhaupt brauchen würde. Was sollte ich damit, wenn mir das Reiten einfach gar keinen Spaß mehr machte und die Angst bei jedem Sprung mitritt? Ich überlegte sogar, ganz mit dem Reiten aufzuhören.
Ich glaube, eine Woche lang stieg ich nicht aufs Pferd. So lange hielt ich durch, bis ich merkte, wie viel mir fehlte. Einerseits war ich unzufrieden, weil ich mich nicht wohlfühlte beim Reiten und andererseits konnte ich auch nicht ohne die Pferde sein.
Es war eine Situation, die irgendwie keine Lösung versprach. Immer wieder, wenn ich die kleinen Baumstämme bei uns zu Hause anritt – die wirklich nicht hoch waren im Vergleich zu den Hindernissen, die ich sonst gesprungen war – kamen die Bilder vom Sturz wieder hoch. Ich probierte mit meinen Trainern die verschiedensten Möglichkeiten aus, um meine Angst zu überwinden. Ich trat aber weiter auf der Stelle und war enttäuscht von mir selbst.
Humphrey habe ich dann zunächst an meinen Bruder Matthes abgegeben und bin ihn nur noch ab und zu geritten. Ich hatte ihn zu sehr verunsichert, und meine Angst war größer als der Spaß und die Freude beim Reiten. Humphrey lebt bis heute bei uns und wird entweder von Matthes, Papa oder mir bewegt. Er führt ein entspanntes Leben mit seinen Kumpels auf der Weide.

Humphrey spitzt die Ohren für die anstehende Geländeprüfung.

STUDIEREN

Nach dem Abitur wurde mir ein Studienplatz an der Westfälischen Wilhelms-Universität in Münster angeboten. Ich wollte die Fächer Sportwissenschaften und Biologie auf Lehramt studieren. Diese Kombination konnte ich bei uns in Niedersachsen aber leider ohne ein Hauptfach wie Deutsch, Mathematik oder eine Fremdsprache nicht wählen. Also bewarb ich mich an Universitäten, die in angrenzenden Bundesländern lagen.
In Münster in Westfalen bekam ich einen Platz für Sport, jedoch reichte mein Notenschnitt von 2,7 nicht für Biologie aus. Also entschied ich mich, mich im Nachrückverfahren für einen Studienplatz in Chemie zu bewerben. Etwa eine Woche vor Semesterstart kam die Zusage ins Haus geflattert.

Ich weiß noch, wie Mama mich anrief und sagte, dass Post aus Münster angekommen wäre. Ich arbeitete neben der Vorbereitung zum Abitur und auch danach als „Haus- und Hoffrau" auf einer Reitanlage, um mir ein bisschen Geld hinzuverdienen. An den Wochenenden jobbte ich zusätzlich auf Hochzeiten und Partys.
Ich hatte zum Glück gelernt, dass ich für meine Wünsche arbeiten und Geld verdienen musste. Meinen Springsattel im Wert von über 4000 Euro erarbeitete ich mir über eine lange Zeit durch Jobs im Partyservice. Kurz gesagt, ich hatte immer die Unterstützung meiner Eltern und eine wirklich tolle Familie hinter mir. Das weiß ich sehr zu schätzen. Ich habe aber auch gelernt, dass „von nix nix kommt".

Auf jeden Fall konnte ich nun auch Chemie studieren und schon in der nächsten Woche ins Semester einsteigen. Ich war hin- und hergerissen zwischen Freude und Verzweiflung. Ich hatte mich schon total darauf eingestellt, ein Jahr lang von kleineren Jobs und vom Reitunterricht zu leben und erst im nächsten Jahr mit dem Studium zu starten.
Ich bin ein Mensch, der gern vorausplanen möchte. Ich war damals auch ungern von zu Hause weg, also fiel mir die Entscheidung überhaupt nicht leicht. Mama unterstützte mich und fuhr mit mir direkt am nächsten Tag zu Bekannten nach Münster. Etwas außerhalb der Stadt lebten sie auf einem kleinen Hof mit schönem Garten und einem Hund. Es passte perfekt, dass sie ein Gästezimmer hatten, in das ich für die erste Zeit einziehen konnte.

Kluntje – sein Name sagt alles. Er ist einfach „Zucker" und auf all unseren Touren dabei! Sobald die LKW-Tür aufgeht, springt er hinein.

PENDELN

Für mich ging das alles viel zu schnell, und ich wusste gar nicht, was ich von der plötzlichen Veränderung in meinem Leben halten sollte. Weg von zu Hause und nur am Wochenende beim Pferd? Das war in den letzten 19 Jahren meines Lebens nicht vorgekommen. Auch wenn ich nicht wusste, wie es reiterlich weitergehen würde, war ich ja dennoch fast jeden Tag geritten.
Es stand also ein großer Umbruch für mich an. Viel Zeit zum Nachdenken blieb mir allerdings nicht – im Nachhinein war das aber auch ganz gut so. Ich entschied mich, das Lehramtsstudium in Sport und Chemie in Münster zu beginnen. Jedes Wochenende fuhr ich nach Hause. Die ersten

Von meinem Partner Humphrey durfte ich in den Jahren viel lernen und Erfahrungen sammeln.

Wochen waren wirklich nicht einfach. Landkind Lisa allein in der großen Stadt Münster!?
In der Orientierungswoche, kurz genannt O-Woche, war ich krank, sodass ich keine meiner Kommilitoninnen und Kommilitonen kennenlernen konnte. Ich war wirklich absolut überfordert. Nach den ersten Wochen pendelte es sich dann aber so langsam ein. Leider konnte ich einige meiner Uni-Kurse nicht belegen, da ich als Nachrückerin zuerst keine Martrikelnummer hatte und somit die Bewerbungsfristen nicht einhalten konnte. Es war wirklich stressig, und ich fühlte mich oft allein und überfordert. Jeden Morgen fuhr ich mit dem Fahrrad acht Kilometer bis zur Uni, besuchte danach noch Sportkurse und kehrte am Abend wieder zurück in mein Gästezimmer.
Da ich freitags keine Kurse hatte, fuhr ich schon am Donnerstagabend zurück in die Heimat und auch erst am Montagmorgen wieder nach Münster. Ich wollte jede mögliche Sekunde zu Hause verbringen.
Nach einigen Wochen wurde es mir zu viel. Die Familie in Münster war sehr lieb, aber ich fühlte mich einfach nicht wohl mit der Situation. Ich entschloss mich, täglich zu pendeln. Die Fahrt von etwas mehr als einer Stunde pro Strecke nahm ich fast täglich auf mich und verlor sehr viele Nerven in Staus, die die A1 nun mal mit sich bringt. So kam es auch vor,

Die Pferde auf der Wiese zu beobachten, macht total viel Spaß und ist für mich wie eine Art „Unterricht".

dass ich für eine Strecke bis zu drei Stunden brauchte. Meine Familie könnte eine komplette CD mit Sprachnachrichten zusammenstellen, in denen ich mich über die stundenlangen Staus aufregte. Für mich war es aber die beste Entscheidung, da ich nun jeden Tag bei den Pferden und zu Hause sein konnte. In den nächsten Semestern versuchte ich, nie mehr als vier Tage zur Uni zu müssen.
Ich legte mir übervolle Uni-Tage zurecht, damit ich so schnell wie möglich durch das Studium kommen konnte. Das Uni-Leben blieb dabei natürlich außen vor, und ich fuhr wirklich nur zu Seminaren, Vorlesungen und anderen Veranstaltungen nach Münster. Gleich zu Beginn des Studiums gab es dann einen Wendepunkt in meinem Leben, der so nicht vorherzusehen war ...

MEIN ERSTES TREFFEN MIT VALOO

Kurz nach dem Start des Studiums in Münster stand mir ein Schritt bevor, der mein komplettes Leben verändern sollte. Eigentlich suchte mein Bruder Matthes ein Pferd, das er im Westernsport reiten konnte.
Da er aber noch zwischen den Disziplinen hin- und herschwankte, suchten wir nach einem Pferd, das auch im Dressur- und Springsport Fuß fassen konnte. Durch einen Tierarzt erfuhren wir, dass etwa eineinhalb Stunden von uns entfernt ein 3-jähriger Wallach zum Verkauf stand. Relativ kompakt gebaut, gerade erst eingeritten und ganz am Anfang seiner Ausbildung. Er war sogar schon einmal verkauft worden, kam aber aufgrund eines Chips im Bein wieder zum Züchter zurück.

Aber Anschauen kostete ja nichts, und die Entfernung war auch kein Problem. Matthes hatte es sich allerdings schon wieder anders überlegt und wollte nach einem anderen Pferd suchen.
Aber wie sah es bei mir aus? Irgendwas kribbelte in mir, und ich wollte mir dieses junge Pferd unbedingt anschauen. Wir fuhren also an einem unifreien Tag zum Hof des Züchters. Ernst Bredemeier, ein sehr netter älterer Mann, und seine Frau begrüßten uns freundlich und hatten die Kaffeetafel schon eingedeckt. Sie waren so lieb und herzlich, dass wir uns sofort wohlfühlten.
Ich war total gespannt auf die Pferde. Wir gingen nach einiger Zeit rüber in den Stall. Der schöne, ältere Hof war sehr ordentlich und gepflegt. Die Pferde standen schon in den Boxen. Wir lernten zuerst die Oma und die Mutter des 3-Jährigen kennen.
Als wir zur Box von Valentin – so hieß Valoo damals – kamen, war es um mich geschehen. Ich hatte von der „Liebe auf den ersten Blick" schon oft gehört und dachte, dass so etwas in Wirklichkeit ja gar nicht passieren konnte, es hörte sich einfach nur gut an.
Ich schenkte dem kleinen Wallach meine volle Aufmerksamkeit. Ich stellte mich vor die Box, und er kam langsam zur oben geöffneten Boxentür. Mit seiner weichen Nase schnupperte er vorsichtig an mir. Er kam mit seinem Kopf noch weiter heraus und legte ihn schließlich auf meiner Schulter ab. Ich weiß noch genau, wie tief mich diese Geste berührte.

Nach all den Monaten, in denen ich die Lust am Reiten immer mehr verloren hatte, schwankte ich immer noch zwischen Abstand halten und hingezogen fühlen zu den Pferden hin und her. Jetzt fühlte ich mich das erste Mal wieder wirklich wohl mit einem Pferd! Mir schoss der Gedanke in den Kopf, dass da eine große Aufgabe mit vielen Höhen und Tiefen vor mir lag.
Wir beschlossen, Valentin auf die Stallgasse zu holen und für einen Proberitt fertig zu machen. Nachdem Valentin gesattelt und aufgetrenst war, nahmen wir ihn an die Longe und gingen zur benachbarten Reithalle.

Das erste Treffen mit Valoo – es war einfach unbeschreiblich und hat mein Leben verändert!

PROBEREITEN

Der Weg war nur ein paar hundert Meter lang. Umso spannender war er aber. Valentin drehte sich um Papa, der die Longe in der Hand hielt.
Er tänzelte neben ihm die Straße vor und zurück und war voller Energie. Mama guckte immer wieder nachdenklich zu mir und schien sich Gedanken zu machen, ob so ein junges Pferd vielleicht doch etwas zu anspruchsvoll für mich wäre. In der Halle angekommen, longierten wir Valentin ab, damit er sich erst einmal etwas austoben konnte.
Kurze Zeit später wollte ich aufsteigen. Ich wollte fühlen, wie es war, ihn zu reiten und wie er sich unter mir als Reiterin anstellte.
Eine nette junge Dame hatte ihn kurz zuvor behutsam eingeritten. Er kannte die Grundgangarten und tat sich mit dem Galoppieren noch schwer – was für einen 3,5-Jährigen mit einer ruhigen Herangehensweise beim Einreiten ganz normal war. Den Hufschlag trafen wir nicht immer, und das Geradeauslaufen fiel ihm besonders schwer. Für mich war das eine relativ neue Erfahrung, auch wenn ich schon andere junge Pferde geritten und Humphrey ja auch im Alter von nur vier Jahren bekommen hatte.
Trotzdem – das war alles schon lange her, und ich fühlte mich wirklich wie auf einer Kugel, die von der einen zur anderen Seite schaukelte. Wir bauten einen ganz kleinen Sprung auf und ich ritt ihn im Trab an. Rechts, links, rechts und drüber. Okay, sagen wir mal so … es war keine Meisterleistung, aber wir waren lebend und gesund darübergekommen. Das war doch schon mal eine erste Grundvoraussetzung für eine spätere Springausbildung.
Mama äußerte den Gedanken, dass Valentin eventuell etwas klein für meine Körpergröße von 1,80 m wäre. Dem widersprach ich aber schnell. Ich war von Valentin total begeistert, obwohl er wirklich noch ganz am Anfang seiner Ausbildung stand. Irgendetwas hatte mich gefesselt. Zum Schluss führte ich ihn noch etwas im Schritt herum, und wir gingen zum Hof zurück.
Wir versorgten Valentin und stellten ihn zurück in seine frisch eingestreute Box. Er bekam sein Abendessen und wir verabschiedeten uns. Papa und der Züchter unterhielten sich noch im Haus – Mama und ich verweilten im Stall und betüddelten die Pferde. Auf dem Heimweg gab es nur ein Thema: Valentin. Wir überlegten, ob es wohl der richtige Schritt wäre und ob ich dazu in der Lage wäre, dieses

Ein neuer Lebensabschnitt fängt an – Valoo zieht aus und kommt in unseren Stall.

Der Abschied fiel dem Züchter nicht leicht – doch der Kontakt besteht heute noch.

Pferd auszubilden? Was war mit meiner Motivation? Was, wenn er zu klein bliebe? Wie würde er sich wohl entwickeln? Wie viel Potenzial steckte in diesem Pferd? War er das, was ich mir wünschte? Und vor allem: Schaffte ich das neben dem Studium? So viele Fragen gingen mir in den folgenden Tagen durch den Kopf. Ich wusste aber eines ganz sicher: Ich wollte mich dieser Aufgabe stellen und mir ging dieses Pferd nicht mehr aus dem Sinn. Meinen Eltern war klar, dass sich dieses junge, unausgebildete Pferd in mein Herz geschlichen hatte. Papa telefonierte noch einmal mit dem Züchter.

MEIN NEUES PFERD

Ein paar Tage später saß ich in der Uni und wollte gerade los zum Sport. Da klingelte mein Handy, meine Eltern waren dran. „Wir können Valentin nächstes Wochenende gemeinsam abholen", sagte mein Vater. Stille. Ich war baff und fiel fast um. Es sprudelte nur so aus mir heraus. Ich war das glücklichste Mädchen auf dem ganzen Planeten. Ich konnte es nicht fassen und unzählige Gedanken wirbelten in meinem Kopf herum. Ich wusste erst gar nicht, wie ich diese großartige Neuigkeit verarbeiten sollte. Ich konnte das Ende des Seminars kaum erwarten. Schnell packte ich

Was man mit Planen und anderen Dingen so machen kann – Valoo bekam das volle Programm und hatte Spaß daran.

meine Sachen, schwang mich ins Auto und düste mit meinem kleinen Corsa nach Hause. Es war so weit: Ich konnte mein neues Pferd abholen.

Anhänger dran und los ging es. Am 15. November 2014 fuhren wir zu Valentins Züchter. Mann, war das alles aufregend. Auf dem großen, ruhig gelegenen Hof angekommen, konnte ich es kaum noch erwarten, mein neues Pferd aufzuladen. Aber bis es so weit war, gab es natürlich erst einmal Kaffee und Kuchen. Der Züchter Ernst Bredemeier und seine Frau waren so herzlich, dass man einfach gerne bei ihnen war. Nach der Kaffeepause durfte ich meinen Wallach aus dem Stall führen.

Wir hatten uns in den letzten Tagen sehr vielen Gedanken um die Namensfindung gemacht. Mama war es wichtig, dass ein Pferdename einzigartig war – Valentin war ein schöner Name, aber einer, mit dem bereits andere Turnierpferde eingetragen waren. Nach vielen Diskussionen schlug meine Mutter den Namen Vite Valoo vor. Ich war damit sehr einverstanden und so tauften wir Valentin um in Vite Valoo – Rufname Valoo.

Valoo hatte wenig Übung im Verladen, deshalb fuhren wir den Wagen mit Anhänger direkt vor die Scheune und ließen ihn von dort aus hineingehen. Nach ein paar Anläufen klappte es und wir verschlossen die Klappe mit dem Netz darüber. Nach einer wirklich rührenden Verabschiedung ging es für uns ganz vorsichtig Richtung Heimat.

Valoo stand wie eine Eins auf dem Anhänger und rührte sich kaum.

Zu Hause war seine Box schon vorbereitet. Ich führte ihn zunächst ein paar Schritte und ließ ihn sich alles anschauen. Natürlich war er etwas nervös, ließ sich aber sehr gut händeln. Wir stellten ihn in die Box, und er konnte die neben ihm stehenden Pferde beschnuppern. Das war schon spannend – sowohl für ihn, als auch für uns.

TAGEBUCHEINTRÄGE

Nach meinem ersten Treffen mit Valoo startete ich mit einem Pferdetagebuch. Ein Pferdetagebuch? Ja, ich hatte schon als Kind manchmal Tagebuch geschrieben und mir gefiel der Gedanke, nach langer Zeit zurückblicken zu können und zu lesen, was ich alles erlebt hatte. In meinem Tagebuch aus der Kinderzeit fand ich lustige Sätze, wie man sie eben als Grundschulkind aufschreibt, zum Beispiel, wie ich versucht hatte zu erklären, wie eine Springstunde mit meinem Pony ablief. Ich musste auf jeden Fall schmunzeln, als ich in meinen Aufzeichnungen aus den Kindertagen blätterte.
Die ersten beiden Einträge meines Lebens mit Valentin/Valoo waren kurz und knapp.

MEIN TAGEBUCH

09. November 2014
Wir haben uns Valentin angeguckt und uns sofort verliebt!

15. November 2014
Endlich ist es so weit: Valoo ist da! 1,64 m groß und total süß!

KENNENLERNEN

Die ersten Tage gingen Valoo und ich viel spazieren und stellten uns den Aufgaben wie Hufe abwaschen, Hunde kennenlernen und sonstigen Kleinigkeiten, die man vielleicht erst gar nicht so im Kopf hat.
Nach ein paar Tagen mit Bodenarbeit fing ich mit dem Reiten an. Ich stieg aber zuerst nur für wenige Minuten auf Valoos Rücken und drehte mit ihm ein paar entspannte Runden. Bei einem 3,5-Jährigen muss man auf alles gefasst sein. So stieg ich schon draußen vor dem Reitplatz auf und ging erst dann auf den Sandplatz. Somit konnte ich das Risiko etwas verringern, dass er gleich losbuckeln würde.
Aber Valoo war total cool und bis auf ein paar Mini-Hopser war er super artig. Mir machte es richtig viel Spaß, dieses junge Pferd zu reiten, aber es wurde mir klar, wie weit der Weg zum „fertigen" Reitpferd noch sein würde. Bei den einen Pferden geht es schneller, bei anderen langsamer.
Valoo war vom Charakter her ein fixer Lerner, der aber auch ganz genau wusste, wie er mich „ausspielen" konnte.
Ich nahm mir gleich zu Beginn vor, ohne Leckerlis zu arbeiten. Ich wollte lieber länger brauchen, anstatt Futterlob dazu zu nehmen (warum ich dies mache, erkläre ich auf Seite 31). Natürlich gab es nach dem Training auch mal einen Apfel, eine Möhre oder ein kleines Leckerli – nur nicht als direkte Belohnung für eine Aufgabe. Dass nicht immer alles glatt lief, lässt sich im Tagebuch noch gut nachverfolgen.

MEIN TAGEBUCH

19. November 2014

Eine kleine Schrittrunde und ein Pfützentraining standen heute auf dem Plan. Danach gings los mit dem Verladetraining, bei dem er zwei Mal entfliehen konnte ... das sollten wir noch üben!

01. Dezember 2014

Heute sind wir zum Bodenarbeitstraining gefahren. Wir bekamen eine Stunde Intensivtraining für Körper und Geist. Aber Valoo hat es super mitgemacht! Allerdings weiß er genau, dass er sich mit seiner süßen Art viel erlauben kann ... Das Auto und die anderen Dinge in der Halle interessierten ihn aber nicht so sehr. Nun ist Bodenarbeit das A und O in unserem Kalender!

FÜHREN UND LONGIEREN

Ich wollte lernen, Valoo besser zu führen und zu longieren, deshalb besuchte ich mit ihm Anne Krüger-Degener, die sowohl Hunde als auch Pferde trainierte. Valoo war ziemlich frech im Umgang und wusste, wie er sich entziehen konnte.

Ich fuhr ein paar Mal zum Training zu Anne. Da es aber eine weite Anreise war, nahm es sehr viel unserer Zeit in Anspruch. Ich beschloss, mir die Grundlagen der Bodenarbeit selbst zu erarbeiten und eine eigene Struktur zu finden. Ich wollte mein junges Pferd gut verstehen und eine positive Bindung zu ihm aufbauen. An Shows dachte ich zu der Zeit noch gar nicht.

Ich hatte schon immer viel Wert auf Abwechslung und eine pferdegerechte Haltung gelegt, die mir von meinen Eltern von Beginn an in die Wiege gelegt wurde. Beim Reiten allerdings war ich ganz klassisch unterwegs und träumte – trotz des Sturzes – immer noch von der Turnierreiterei und einer erfolgreichen Turnierkarriere.

Doch Valoo veränderte alles. Er war so frech und zugleich intelligent und neugierig, dass ich mir wirklich was einfallen lassen musste. Wenn ich ihn von der rechten Seite aus führen wollte – also mit meiner linken Hand – dann akzeptierte er mich nicht und zog mich über die Wiese. Schirme, Planen und andere knisternde Dinge dagegen fand er total interessant.

Nach einem ersten Zucken oder auch Wegspringen suchte er gleich wieder den Kontakt zu dem Objekt und wollte neugierig untersuchen, was das denn nun ist.

Auf unserem Springplatz stehen neben den normalen Hindernissen auch selbst gebaute Sprungständer aus Tonnen und verlängerten Holzlatten. Diese Tonnen knallten manchmal aus heiterem Himmel. Am Anfang hatte ich etwas Bedenken, dass Valoo vielleicht die Flucht ergreifen würde.

Als eine der Tonnen dann erstmals neben ihm knallte, zeigte er sich allerdings ziemlich cool. Valoo erschrak kurz, guckte zur Tonne und ging mit mir auf seinem Rücken dorthin. Ich ließ ihn einfach schnuppern und machen, was er wollte.

Ich testete seine Reaktion auf die Tonnen auch mit Mamas Hilfe: Sie trommelte zunächst vorsichtig auf den Metalltonnen herum, dann auch kräftig und mit viel Radau. Wir hatten alle eine Menge Spaß dabei, inklusive Valoo!

So tasteten wir uns Stück für Stück weiter auch an andere Schreckhindernisse heran. Auch das Halsringreiten probierte ich spaßeshalber mit ihm aus.

Ich war hoch motiviert, mit diesem jungen Pferd alles zu entdecken, an Grenzen zu gehen und Valoo immer besser kennenzulernen.

TRAININGSBASICS STEP BY STEP

Auf den im ganzen Buch verteilten Anleitungsseiten möchte ich euch Schritt für Schritt ein paar Basics erklären. Ganz wichtig ist aber noch eine Sache vorweg: Ich kenne weder euch noch eure Pferde. Aus diesem Grund kann ich euch hier nur eine „Anleitung" und Hinweise geben, die ich im privaten Unterricht je nach Reiter und Pferd anpassen würde. Trotzdem hoffe ich, dass es einigen von euch weiterhilft.

Mit Gefühl ...

Wenn ihr euch mit ein paar Übungen beschäftigt, geht es anfangs oft etwas mechanisch zu, da man ein Muster versucht umzusetzen. Richtig Spaß macht es erst dann, wenn das Gefühl die Leitung übernimmt und man nicht mehr über jeden Schritt nachdenkt. Also: Ich gebe euch eine mögliche „Anleitung" und ihr baut sie je nach Geschmack um. Wenn ihr am Boden anfangt und noch keine Vorerfahrung habt, lasst euch nicht zu schnell aus der Bahn werfen. Denkt an mein Motto: „Konsequent, aber freundlich!"

... und ohne Leckerli

Ein weiterer Hinweis vorweg: Ich arbeite ohne Leckerlis. Ich möchte, dass das Pferd die Übungen nicht für das Futterlob, sondern für und mit mir macht. Ich möchte, dass es im Laufe der Zeit zu einer Art Tanz wird und Grundregeln wie das Führen ohne Ziehen am Zügel/Strick normaler Bestandteil des Alltags werden. Es gibt viele tolle Trainer, die super Bodenarbeit machen und ganz andere Konzepte und Ansätze haben, als ich sie biete. Ich sehe meine Aufgabe in der Grunderziehung und dem harmonischen und ruhigen Umgang mit dem Pferd – auch dem Sportpartner auf dem Turnier – egal, ob jung oder alt! Macht einem die Bodenarbeit sehr viel Spaß, kann man sie natürlich ausweiten und spielerisch andere Aspekte erarbeiten. Aber nun erstmal zu den grundlegenden Übungen ...

Zusammen macht das Stretching doch gleich viel mehr Spaß!

FÜHREN STEP BY STEP

Auch wenn es so simpel klingt, sind das Losgehen, Führen und Anhalten für mich die Basicübungen, die jedes Show-, Turnier- oder auch Hobbypferd lernen muss. Um mit dem Pferd arbeiten zu können, definiere ich einen Bereich, der für alle Übungen – mit Ausnahme von einigen Spielereien – stets die Position beschreibt, an der ich mich aufhalte.

1.

Meine Schulter zeigt immer in den Bereich zwischen Kopf und Pferdeschulter. Ich halte mich also auf Halshöhe auf. Dies hat den Vorteil, dass ich den Kopf meines Pferdes sehen und daran erkennen kann, wie mein Pferd gelaunt ist, ob es aufmerksam, eventuell ängstlich oder gereizt ist. An der Mimik kann ich viel ablesen, was mir zur Grundmotivation des Pferdes einiges sagt.

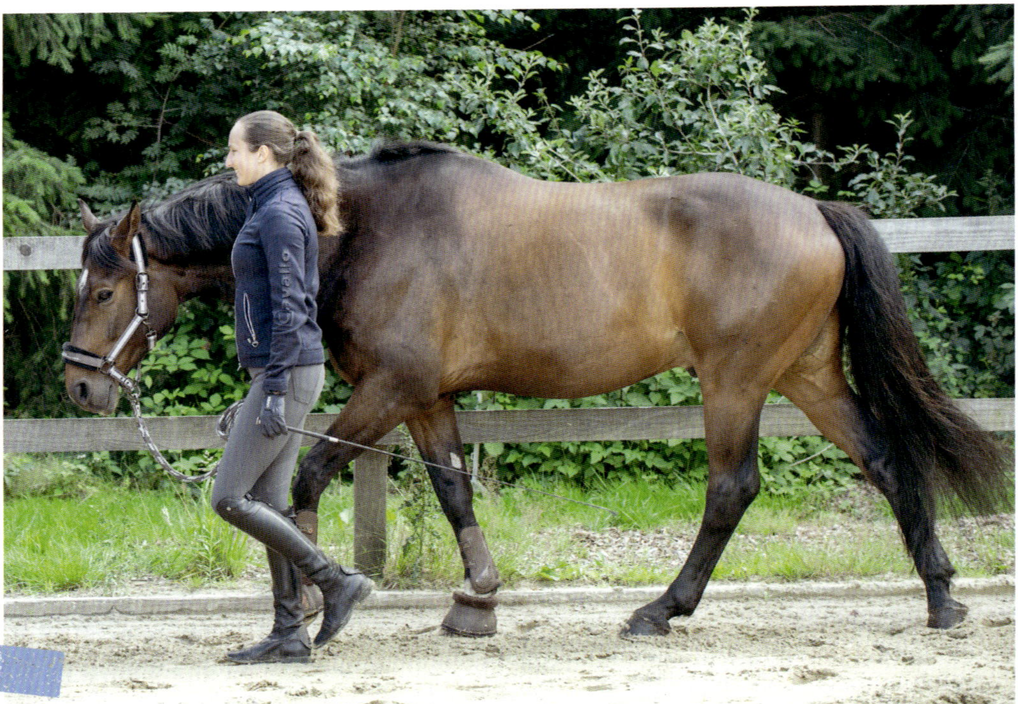

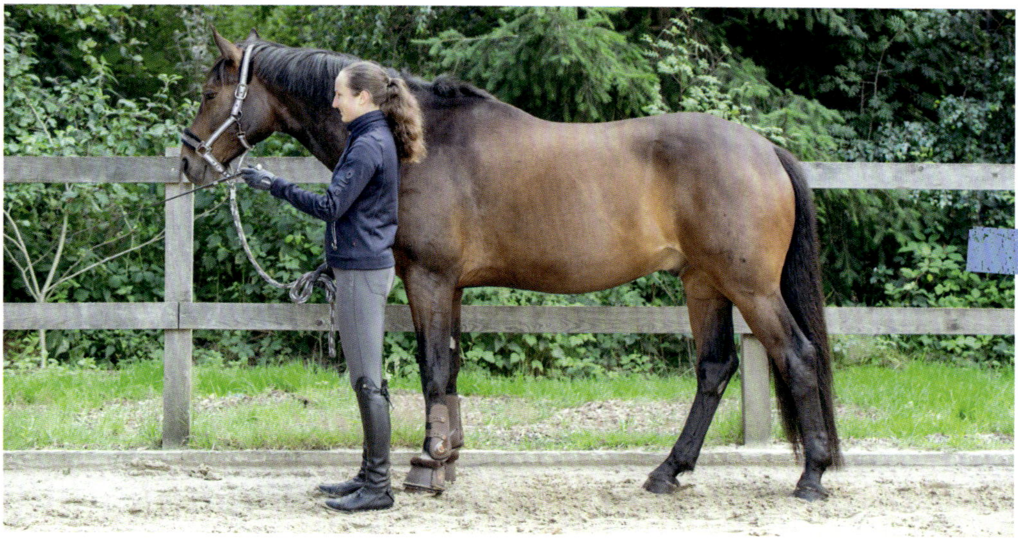

2.

Da Pferde Fluchttiere sind, halte ich den Weg nach vorne offen, ich kann ihn durch meinen verlängerten Arm (die Gerte) aber auch schließen. Ich selbst meide zunächst den Bereich direkt vor dem Pferd. Sollte das Pferd sich erschrecken, fragt es sicher nicht, ob ich den Weg für die Flucht freimachen könnte. Ein weiterer Vorteil dieser Position ist, dass ich über meine Körpersprache in den Wendungen mithilfe meiner Schulter gut arbeiten kann. Das Pferd wird mich im Normalfall dort gut wahrnehmen können.

3.

Wenn ich nun losgehen möchte, ist es mein Ziel, dass mein Pferd den ersten Schritt setzt. Das bedeutet einfach gesagt: Ich sage meinem Pferd: „Geh mal los!", mein Pferd hört mir im besten Falle zu, geht los, und ich folge ihm. Auf diese Weise verlange ich von meinem Pferd die absolute Aufmerksamkeit.

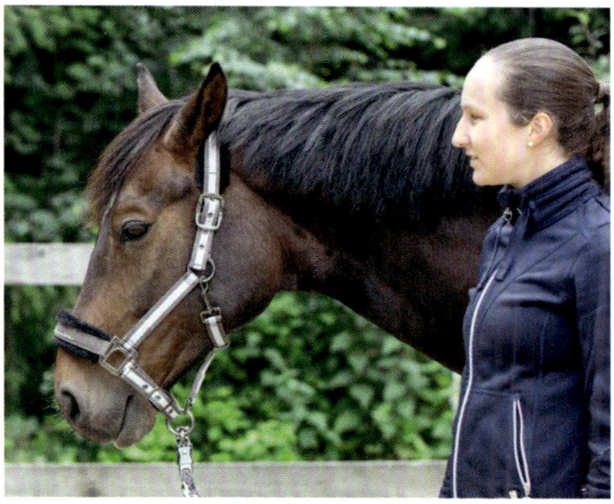

4.

Sobald ich losgehe, dabei am Strick ziehe und ein Kommando sage, folgen die meisten Pferde. Doch folgen sie, weil ich „Los', „Komm", oder „Hopp" gesagt habe? Nein – wenn ich mittels meiner Körpersprache losgehe, dann nimmt das Pferd meine Bewegung wahr und folgt. Die Aufmerksamkeit des Pferdes kann dabei ganz anderen Dingen gewidmet sein. Ich fordere also im ersten Schritt, dass mein Pferd mir wirklich zuhört.

5.
Für das Einfordern der Aufmerksamkeit können kurze Kommandos benutzt werden oder eben Laute wie Schnalzen oder den „Kussmund". Sobald mein Pferd dies verstanden hat, kann ich es auch aus der Entfernung lenken und auf Kommando verschiedene Übungen abfragen. Um dem Pferd dies zu verdeutlichen, sage ich im ersten Schritt zunächst mein Kommando.

6.
Reagiert das Pferd nicht (was am Anfang total normal ist), dann warne ich mein Pferd mit einem energischen „Naaa" vor. Die Kommandos werden immer ruhig und freundlich ausgesprochen. Beim „Naaa" dürft ihr etwas energischer, aber nicht unbedingt lauter werden. Denkt daran, dass das Pferd das Wort an sich nicht versteht und ihr viel über die Stimmlage und Höhe bewirken könnt. Wie wäre es mit dem Kommando „Baum" zum Halten? Nein, Spaß – aber euer Pferd könntet ihr trotzdem darauf trainieren!

7.

Ändert das Pferd trotz Ansprache immer noch nichts an seiner Position, dann tippe ich das Pferd leicht mit der Gerte hinten oder im Bereich der Schenkellage an. Sobald es einen Schritt nach vorne beginnt, folge ich. Das Ziel ist, so schnell es geht das zweite und dritte Signal weglassen zu können und direkt über das erste Kommando zu starten.

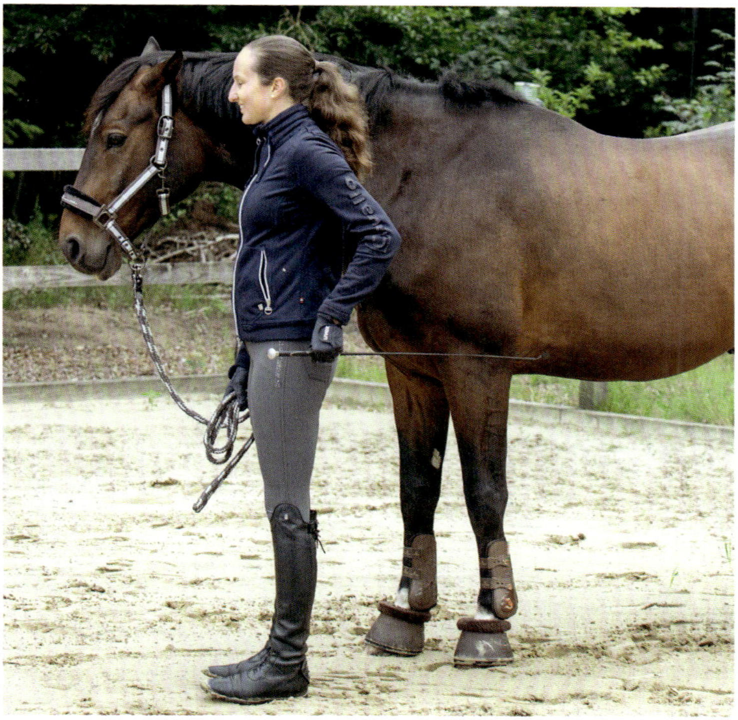

8.

Die größte Disziplin dabei braucht ihr – nicht eure Pferde. Denn wenn wir uns vornehmen loszugehen, passiert es sehr oft, dass wir uns schon nach vorne neigen und den ersten Fuß langsam abheben. Gebt dem Pferd aber hier bitte noch keine Hilfe über die Körpersprache – das kommt später und ist grundsätzlich sehr wichtig bei der Bodenarbeit!

9.
Zum Anhalten geht ihr genau wie beim Losgehen wieder diese drei Schritte durch. Erst das Kommando, dann die Warnung „Naaa“ und zu guter Letzt die Hilfe über die Gerte, die ihr nun vor die Brust oder den Kopf haltet, um die „Tür nach vorne“ zu schließen. Je nach Pferd klappt es unterschiedlich schnell.

10.
Wenn ihr ein Pferd habt, das trotzdem weitergeht, dürft ihr die Gerte auch an die Brust tippen. Passt aber bitte auf, dass euer Pferd dabei nicht kopfscheu wird oder Angst bekommt. Wie war das noch? „Konsequent aber freundlich!“ Genau!

11.

Nach jedem Halten, das gut klappt, dürft ihr natürlich loben. Dafür müsst ihr aber nicht immer eure Position aufgeben und das Pferd betüddeln (das mögen außerdem auch nicht alle Pferde), sondern lobt immer über die gleichen Worte in derselben Stimmlage. Eine weitere Möglichkeit zu loben, ist die einfache Pause.

12.

Pause! Bleibt stehen, fordert nichts, atmet aus und lasst eure Schultern hängen. Einfach mal „nichts tun – nichts fordern" und auf das Abschnauben oder Kopf-hängen-lassen des Pferdes warten. Manche Pferde fangen auch an zu kauen, wenn sie das Lob erkennen und sich wohlfühlen. Seid kreativ und beobachtet eure Vierbeiner!

13.
Wie alle Übungen trainiert ihr die Übungen auf beiden Seiten! Klappen die Übungen gut im Schritt, nehmt auch den Trab und anschließend den Galopp mit dazu. Zum Antraben wählt ein Kommando und lauft langsam auf der Stelle los, bis das Pferd auch antrabt. Bleibt dabei trotzdem die ganze Zeit hinter dem Pferdekopf.

14.
Zum Angaloppieren macht auch selbst einen Galoppsprung und erhöht euer Tempo. Bleibt zunächst auf einer gebogenen Linie. So ist es einfacher, da ihr weniger Strecke zurücklegen müsst. Sollte das Angaloppieren nicht klappen, so nehmt das Pferd an die Longe, lasst es angaloppieren und verkleinert den Zirkel – nehmt die Longe also immer ein Stück kürzer. So nähert ihr euch eurem Pferd, während ihr parallel die Galoppsprünge mitmacht, langsam an.

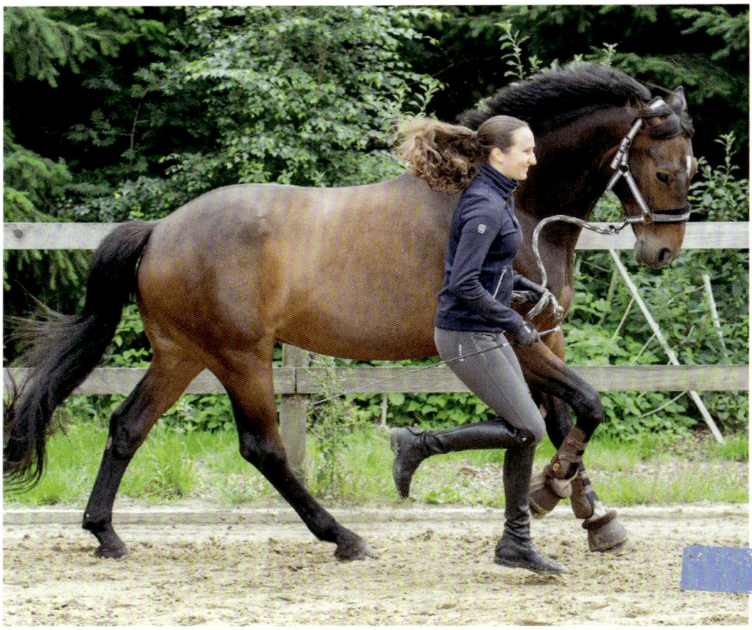

„WENN DAS GEFÜHL …

… den Takt übernimmt, macht es noch mehr Spaß. Lasst euch leiten und zeigt eurem Pferd, dass dieses Training Spaß macht!“

MEIN TAGEBUCH

10. Dezember 2014
Jippey, das erste Mal mit dem Halsring geritten! Heute hat mich Valoo bei der Bodenarbeit zuerst einmal quer durch den Matsch gezogen! Danach klappte es aber super. Halten, angehen, durch Pfützen gehen, auf die Mistplatte wandern und alles anschnuppern und anlecken. Dann sind wir mit dem Halfter eine kleine Runde geritten und haben dann auch dies abgelegt! Es ging los mit dem Halsring ... es war ein wunderbares Gefühl!

12. Dezember 2014
Was für ein genialer Tag! Nachdem Valoo in der Dressur wirklich recht gut ging, bin ich ihn ohne Trense und auch ohne Sattel geritten. Dabei sind wir sogar über Stangen getrabt und haben das Aufsteigen geübt, was ohne Trense perfekt klappte. Nachdem er auf dem Hinweg nicht so gerne auf den Hänger wollte, ging er auf dem Rückweg ohne Probleme drauf.

13. Dezember 2014
Zuerst war mal wieder Bodenarbeit angesagt. Wir gingen über eine Decke und durch Pfützen! Lustigerweise hat er mir sogar mit seinem Maul geholfen, die Decke wieder mit zum Stall zu nehmen. Danach habe ich ihn das erste Mal longiert. Der Handwechsel klappt schon mal im Schritt. Die Übergänge sind noch übungsbedürftig.

14. Dezember 2014
Heute stand der erste größere Ausritt an! Wir sind mit Papa (auf Douglas) und Matthes (auf Humphrey) ausgeritten. Einmal zum Wald und durch die Siedlung wieder zurück. Valoo hat sich super geschlagen. Er wurde zwar zwischendurch ziemlich flott und hat einmal den Popo hochgeworfen, aber es hat sonst echt Spaß gemacht. Er hat fast gar nicht geguckt und seine Neugier setzt dem Ganzen etwas Positives voraus.

25. Dezember 2014
Matthes und ich sind heute mit Chapy und Valoo zur Halle gefahren, um die Pferde zu longieren. Ich habe insgesamt sechs Stangen auf einem Zirkel verteilt. Nachdem er etwas überrascht war, klappte es auch einigermaßen gut. Danach bin ich durch den Wassergraben geritten – er guckte am Ende gar nicht mehr!

28. Dezember 2014
Heute war ich mit Coco, Humphrey und Valoo in der Halle. Das Verladen klappte ohne Probleme mit den Zweien. Valoo taperte so drauf! Heute gab es das berüchtigte erste Mal! Bumps, und ich lag unten. Aber es ist nichts passiert. Er wollte lediglich die Galopphilfe nicht annehmen und schmiss den Po zweimal in die Höhe. Danach war er etwas erschrocken darüber, dass ich im Sand lag. Allerdings lief er anschließend wieder super. Auch die vier Trabstangen waren heute kein Problem.

UNSER ERSTER AUSRITT

Als ich auf dem Platz, in der Halle und auch in unserem kleinen Gelände ein echt gutes Gefühl hatte, nutze ich die Gunst der Stunde – und wir ritten gemeinsam aus. Mein Papa und mein Bruder waren mit dabei. Ich ließ die Zügel den ganzen Weg über relativ locker, war aber jederzeit bereit einzugreifen.
Ich wollte ihm die Sicherheit über einen entspannten Sitz und einer lockeren Verbindung zum Maul geben, bei Unsicherheiten aber auch eingreifen können. Wenn ich mein Tagebuch so verfolge, ist es total schön zu sehen, wie ich mich über jeden kleinen Schritt so sehr gefreut habe ... Und dann gab es das berüchtigte „erste Mal" am 28. Dezember 2014.

HORSEMANSHIP

Dann war das Jahr 2014 auch schon um und es ging 2015 voller Tatendrang weiter. Was mir auffällt ist, dass ich in all den Einträgen mehr über die Bodenarbeit als über die reiterliche Entwicklung geschrieben habe. Ich bin dem Thema „Horsemanship" relativ unbewusst nähergekommen, und ich empfand sehr viel Freude daran. Trotzdem blieb die normale, klassische Ausbildung auch dank meines Trainers nicht auf der Strecke. Somit hatte ich immer beide Seiten im Auge und wollte mich auch von keiner wirklich lösen.

WEITER GEHTS

Wie ihr merkt, habe ich damals wirklich fast täglich Tagebuch geführt, was in den letzten Jahren leider nachgelassen hat. Es ärgert mich schon etwas, dass ich es nicht durchgezogen habe, aber die Erinnerungen an den Start mit uns beiden sind einfach nur schön. In den Jahren 2015 und 2016 probierten wir sehr viel aus, kämpften uns durch einige Tiefen, aber wir genossen auch die Höhepunkte und die vielen kleinen Erfolge. Mit meinem Dressurtrainer gingen wir die ganze Sache sehr entspannt an und ließen Valoo viel Zeit.
„Von außen" durfte ich mir ab und zu anhören, dass ich ihn doch nun mal mehr in die Aufrichtung reiten könnte und ihn etwas mehr zusammenschieben müsste. Zum Glück holte mein Trainer mich an solchen Tagen immer wieder auf den Boden der Tatsachen zurück und verstärkte mein Bauchgefühl, dass Valoo noch Zeit braucht. Wenn Pferde in Ausbildung gegeben werden, dann ist es oftmals eine Voraussetzung, dass alles schnell geht. Valoo jedoch war mein eigenes Pferd, und ich wollte ihn nicht verkaufen. Ich möchte lange mit ihm Spaß haben und deshalb auch den Druck aus allen Wegen genommen. Das war das Beste, was ich je machen konnte. Dennoch stießen auch wir natürlich immer wieder auf Problempunkte, an denen wir wirklich lange üben mussten.

Eines unserer ersten Shootings – meine Eltern haben nur den Kopf geschüttelt.

MEIN TAGEBUCH

01. Januar 2015

Das neue Jahr fängt super an. Wir waren in der Halle und sind zunächst Dressur geritten. Danach habe ich mich ohne Sattel falsch herum auf ihn gesetzt und wollte den Schweif nehmen und ihn „aufpumpen"... Naja, das fand er dann wohl nicht so lustig und hat mich kurz und schmerzlos in den Sand gesetzt. Nichts passiert. Nach einem Lachkrampf am Boden und fragwürdigen Blicken von Valoo ging es weiter. Papa hat den Rasensprenger in der Halle angemacht. Humphrey und Valoo haben sich kurz erschrocken. Valoo zeigte sich aber danach tapfer und ging mit der Nase bis zum Sprenger, der noch immer mit Wasser rumspritzte! Ein kleiner mutiger Kerl. Reiterlich merkt man deutlich, dass er immer längere Sequenzen gut läuft und auch im Galopp eine schöne Aufwärtsgaloppade entwickelt.

05. Januar 2015

Wir haben heute mal wieder Bodenarbeit gemacht. Dabei ist er dem bösen Regenschirm und einem Karton aus der grünen Tonne begegnet! So lange die Dinge nicht über oder hinter ihm waren, fand er sie total spannend. Mama konnte sogar den Schirm ausschütteln.

01. Februar 2015

Heute hat Valoo großen Mist gebaut. Beim Verladen konnte er mir dreimal hintereinander abhauen. Zuerst mit Sattel und danach mit Sattel und Trense. Das erste Mal bin ich schön auf die Klappe gefallen und habe mir Knie, Hüfte und Kopf angehauen! Ich war so sauer, enttäuscht und hatte große Angst, dass ihm was passiert, dass ich nur noch am Weinen war. Beim dritten Mal ist er so in die Zügel getreten, dass er nicht mehr weiterlaufen konnte. Mein Glück, ich konnte ihn einfangen... Natürlich war gerade keiner zu Hause. Nur meine Großeltern. Matthes brach nach meinem Anruf seinen Ausritt ab und kam zu uns galoppiert, um mir zu helfen.

04. Februar 2015

Heute Morgen dasselbe noch einmal! Beim zweiten Versuch, ihn auf den Hänger zu bekommen, zog er mich wieder weg. Diesmal ließ ich rechtzeitig los und habe mir dabei nichts getan. Doof war nur, dass er wieder damit durchgekommen war.
Am Nachmittag übten Papa und Mama mit Valoo das Verladen. Rechts und links war der Zaun und geradeaus der Anhänger! Alles klappte super! Auch heute Abend ging er wieder ohne Probleme auf den Hänger. Ich denke, er wird es noch mehrmals testen. Aber er ist jung und darf auch mal Mist bauen. Beim Reiten heute lief er wieder schön. Auf der rechten Hand drückt er sich noch etwas in die Bahn. Dafür war der Galopp heute wieder besser, und auch die Galoppstangen waren gut. Er galoppiert ebenso weniger an bei der Trabverstärkung! Wir sind also schon viele kleine Schritte vorangekommen.

15. Februar 2015

Valoo war heute das erste Mal beim Freispringen. Er hat sogar die Bodenarbeit zwischen den Durchgängen super mitgemacht, ohne Strick folgte er mir und machte mir Platz. Es war ein super Gefühl! Heute Abend habe ich ihn dann nochmal rausgeholt und bin mit ihm auf den Dressurplatz gegangen. Einfach nur ein Halfter und eine Longe drauf. Mein Ziel war es, den Trab an der Hand zu üben. Am Anfang rannte er mir gleich zweimal weg. Allerdings konnte ich ihn dank der Longe gut halten und gleich reagieren. Nach ein paar Minuten schluffte er dann neben mir her! Ich hatte es geschafft... Auch das Wenden an der Longe klappte sehr gut, sodass wir zwei Bodenstangen dazunahmen.

Den Blick fürs Modeln hatte Valoo schon sehr schnell drauf!

ZEIT DES LERNENS

Das Verladen war ein Problem, das Valoo lange mit sich trug. Damals hatte ich noch nicht so viel Ahnung von der Bodenarbeit, sodass ich heute wahrscheinlich ganz anders reagieren würde. Wir kämpften uns also so langsam durch die Baustellen, die eine Pferdeausbildung eben mit sich bringt.

Wir absolvierten eine Trainingseinheit nach der anderen, machten täglich neue Erfahrungen, stellten uns den Herausforderungen und feierten die kleinen Fortschritte. Wir begannen langsam die ersten richtigen Sprünge unter dem Sattel zu machen. Ich habe mir wirklich über jeden Schritt sehr viele Gedanken gemacht. Aus der Zeit mit Humphrey wusste ich, dass es schnell zu viel sein konnte, und diesen Fehler wollte ich nicht nochmal begehen.

Andererseits sollte man Chancen und offene Türen nutzen, wenn das Pferd die Möglichkeiten seinem

Alter entsprechend dazu gibt. Dann war es so weit und ich traute mich, die ersten festen Geländesprünge anzugehen. Ganz klein und wirklich ganz entspannt. Seit dem Unfall konnte ich noch keinen festen Sprung anreiten, der mir keine Angst einjagte. Ich sah es aber als große Chance an, mit Valoo neu anzufangen und dem ganzen Thema positiv entgegenzusehen. Am 19. Februar 2015 fiel das Fazit unseres ersten Rittes entsprechend aus.

KLEINE SCHRITTE

Wenn ich mein Tagebuch so durchstöbere, fällt mir auf, wie viele kleine Schritte wir gemacht haben. Viele gingen nach vorne, aber es gab natürlich auch immer wieder Rückschritte. Gerade diese Details fallen einem im Laufe der Zeit gar nicht mehr so auf. In der ersten Zeit war Valoo wirklich sehr triebig, und auch heute lässt er sich ab und zu bitten. Das gehört eben zu seinem Charakter und ist mir deutlich lieber, als wenn ich ihn ständig abbremsen müsste.
Wir erprobten uns also an den ersten Sprüngen und Cavaletti. Für mich war kein Training wie jedes andere, da es wirklich immer neue Aufgaben gab, die Valoo erstmal schwerfielen. Häufig nahm er aber auch aus dem Training etwas mit, wodurch manche Aufgaben auf einmal viel leichter funktionierten. Gerade dieser Wechsel macht mir bei jungen Pferden besonders viel Spaß. Eigentlich ist kein Tag wie der andere, und alles sieht nach einer großen Entdeckungsreise aus.

Ein schöner Galopp auf der Wiese gefällt uns beiden gut.

MEIN TAGEBUCH

19. Februar 2015

WOW!!! Valoo wird anscheinend doch ein Vielseitigkeitspferd. Heute haben wir das erste Mal im Gelände trainiert. Ins Wasser reiten, ein ganz kleiner Tiefsprung, Wellenbahn und Wellenbahn mit Auf- und Absprung ... ich bin echt beeindruckt! Ich hatte schon lange nicht mehr so viel Spaß im Gelände und vor allem so ein gutes Gefühl. ATEMBERAUBEND. Ich bekomme das Grinsen gar nicht mehr aus meinem Gesicht. Mir fehlen die Worte. Es waren ganz kleine Aufgaben, aber riesengroße Fortschritte – für mich und fürs Pferd!

06. März 2015

Wir haben heute den ersten kleinen Sprung gewagt mit Humphreys Springsattel! Valoo hat es so super gemacht. Er zuckte nicht und machte schöne Sprünge. Am Montag werden wir zu einem Bekannten fahren und dort mit dem Springen beginnen. Ich bin schon gespannt, was er zu Valoo sagt. Heute bin ich ihn nach dem Reiten auch noch ohne Trense geritten und auch ohne Halsring! Wir vertrauen uns immer mehr. Es macht so viel Spaß!

15. März 2015

Wir hatten heute unsere erste „Springstunde“. Zunächst sind wir Cavaletti, die in den Ecken standen, gesprungen und haben danach ein kleines Kreuz und einen Steilsprung auf gerade Linie geritten. Valoo hat es, bis auf ein paar Verweigerungen an dem einen Cavaletti, super gemacht. Das Problem ist nur, dass er sehr triebig ist. Daran müssen wir unbedingt arbeiten und ihn motivieren, von alleine anzuziehen!

VOLTEN STEP BY STEP

Bei den ersten Führübungen bin ich mit den Schultern gerade geblieben und habe meine Körpersprache nicht in dem Sinne benutzt, wie ihr es sonst aus der Freiarbeit vielleicht kennt. Aber jetzt kommen die Volten!

1.

Wenn ich mit dem Pferd anfange, mich von der Bande wegzubewegen und in die Volte abzuwenden, dann begleite ich diese Übung nicht mit einem Stimmkommando. Damit zu trainieren würde bedeuten, dass ich ja ständig sprechen müsste, nur um die Richtung zu wechseln. Ich lege jetzt sehr viel Wert auf die richtige Körpersprache und lade das Pferd sozusagen ein, mit in die Volte zu kommen. Ich stelle mir vor, dass meine Schultern fest mit dem Pferdehals verbunden sind.

2.

Wenn ich in die Volte gehe, wähle ich eine Länge meines Strickes aus, die dem maximalen Radius entspricht, welchen Abstand das Pferd von mir nehmen darf. Je nach Pferd variiert dieser Abstand. Im Optimalfall hängt der Strick leicht durch. Ich gehe nun in die Volte, indem ich mit meiner Hüfte abknicke und meine äußere Schulter leicht nach vorne neige. Ich selbst gehe einen ganz kleinen Kreis und achte darauf, dass mein Pferd nicht hinter meine Schulter kommt.

3.

Da das Pferd einen größeren Kreis laufen muss, benötigt es natürlich ein höheres Grundtempo – oder ich verringere mein Tempo. Eigentlich ganz simpel und selbstverständlich, aber manchmal hilft der Gedanke trotzdem. Denkt an die Ausgangsposition, in der eure Schulter wie am Pferdehals „festgetackert" ist. Oder nutzt dieses Bild: Das Ende der Gerte ist am Pferdehals befestigt.

4.
Überprüft diese Position während der Übung. Wenn ihr in der Übung geradeaus guckt, müsstet ihr im Augenwinkel den Pferdekopf sehen, ohne eure Position in dem Moment aufzulösen, und könnt somit im Blick haben, ob der Pferdekopf vor eurer Schulter ist.

5.
Zur Bande hin werdet ihr wieder gerade und folgt dem Hufschlag. Ihr könnt später natürlich in jede beliebige Richtung laufen und jederzeit in eine Volte abwenden.

6.
Diese Volten könnt ihr ebenfalls im Trab, später dann auch wie hier ohne Strick üben. Bleibt sicherheitshalber auf dem umzäunten Reitplatz oder in der Reithalle.

7.
Und so sieht es im Galopp aus – Valoo und ich im Gleichsprung.

Das Rückwärtsrichten erkläre ich euch ab Seite 66 noch einmal genauer.

RÜCKWÄRTS AN DER HAND

Beim Rückwärtsrichten bleibe ich mit dem Körper vor dem Pferd, wie üblich. Ich drehe mich mittlerweile nicht mehr zum Pferd um, wie ich es anfangs gemacht habe. Durch die Zeit bei Alizee Froment, bei der ich einige Wochen mit Valoo in Belgien war, habe ich eine andere Möglichkeit entdeckt.

Ich bleibe mit meinen Schulter nach vorne gerichtet und lehne meinen Oberkörper höchstens ein wenig zurück. Hier möchte ich das Pferd auf ein Stimmkommando trainieren, damit ich später auch zum Beispiel hinter dem Pferd stehend kommunizieren und von dort aus das Pferd rückwärts schicken kann.

Auch hier gebe ich zunächst das Stimmkommando, danach die Warnung und anschließend ein Tippen mit der Gerte vor die Brust. Schon nach dem ersten Schritt lege ich anfangs eine Pause ein und lobe.

So versteht das Pferd Schritt für Schritt, dass das Kommando bedeutet, dass es rückwärts gehen soll. Ruft dieses Kommando bei euren Pferden von beiden Seiten aus ab.

Klappt das Rückwärtsrichten gut, so variiert eure Position. Ihr könnt das Pferd stehen lassen und euch etwas weiter hinten positionieren. Wird das Pferd unruhig und möchte sich mit nach hinten bewegen, so „krault" euch entlang des Pferdekörpers nach hinten. Beim Kraulen und Streicheln wandert ihr auf Höhe der Sattellage langsam nach hinten und ruft das Kommando von dort aus ab.

Achtet darauf, dass ihr in der Rückwärtsbewegung die neue Position einhaltet und nicht am Ende der Übung wieder an der Pferdeschulter steht. Klappt es gut, so könnt ihr es auch von der Kruppe aus und später auch ganz hinter dem Pferd stehend versuchen. Probiert es aus und bleibt zunächst relativ nah am Pferd.

MEIN TAGEBUCH

17. März 2015

Ich bin so beeindruckt von Valoos Lässigkeit! Valoo hat heute die ersten Sprünge auf unserem Springplatz gemacht. Ich weiß gar nicht, was ich dazu sagen soll! Ein Wahnsinnsgefühl. Nebenbei sind wir auch über den Wassergraben geritten! Am Anfang habe ich ihn einfach am langen Zügel über den Platz laufen lassen, und er konnte sich zunächst alles selber anschauen. Beim Springen zögerte er dann kein einziges Mal!

23. März 2015

Ich habe heute noch die blau-grüne Abdeckplane, die sonst für die Sprünge im Winter gedacht ist, auf die Wiese gelegt. Schon als ich sie holte, ging Valoo brav neben mir her und fand die Plane mal wieder total interessant … Auch das Darüberreiten bei leichtem Wind machte ihm keine Probleme! Wir eröffnen heute unsere Facebookseite: Vite Valoo – Ein Pferd zum Verlieben!

25. März 2015

Heute stand wieder ein etwas anderes Training an. Valoo wurde mit dem Schirm vertraut gemacht und lief über Matratzen und Planen sowie über Decken! Er ist soooo cool drauf.

31. März 2015

Wir hatten heute eine super Dressurstunde bei Paul! Valoo zeigte die Verstärkung und den Schritt viel, viel besser als sonst! Nun müssen wir aber noch an dem Übergang vom Trab zum Galopp arbeiten. Nach der Stunde hatten wir sichtlich Spaß und haben die gelungene Stunde noch schön ausklingen lassen. Dabei sind Kathrin und ich ohne Trense durch die Halle galoppiert und haben mit Trensen auf dem Kopf viel rumgealbert. So viel Spaß hat mir das Reiten schon lange nicht mehr gemacht!

IM GELÄNDE

Anfang April ging es für uns über die ersten richtigen Geländesprünge. Nachdem wir uns bei einem Geländetraining am Wasser und an kleinen Stufen erprobt hatten, standen die ersten Sprünge zu Hause auf unserer Wiese an. Papa und ich haben alle Sprünge selber gebaut.
Valoo war – sicherlich bedingt durch seine Neugier – offen für so viele Dinge. Ich wollte dieses Pferd verstehen, alle Informationen, die ich bekommen konnte, aufnehmen und ihn in- und auswendig kennenlernen. So probierte ich alles Mögliche aus und entdeckte immer neue Charakterzüge, Stärken und auch Schwächen von Valoo und mir.
Nach ein paar kleinen Sprüngen zu Hause, ging es das erste Mal auf einen fremden Geländeplatz, auf dem ich mit Papa zusammen trainieren konnte. Papa hatte sein damaliges Pferd Dr. Dodge dabei, der schon ein paar Sachen kannte.
So konnte er im Wasser und auch bei anderen Hindernissen als Führpferd vorausgehen. Ein sicheres Pferd ist in diesem Fall für ein junges Pferd eine große Hilfe. So guckte Valoo beim ersten Anreiten des Wassers schon ziemlich. Als Papa mit Dr. Dodge dann vorgeritten ist, stiefelte Valoo direkt hinterher.
Für mich war klar: Der Kleine darf sich spielerisch auf verschiedenen Plätzen beweisen. So fuhren wir nach

Valoo durfte – so wie Humphrey damals auch – in Warendorf durch das Wasser galoppieren.

Mit Dr. Dodge als Führpferd lernte Valoo immer mehr dazu.

Warendorf und zur Landeslehrstätte, die ich von meiner Zeit mit Humphrey schon gut kannte und dort oft trainiert hatte.
Jochen Keuter – einfach ein klasse Trainer – hat mit mir eine Trainingseinheit auf dem Geländeplatz gemacht. Mir gefällt besonders, mit wie viel Ruhe er an die Dinge herangeht. Für mich war es der perfekte Trainer für den Einstieg in die Vielseitigkeit mit einem jungen, unerfahrenen Pferd.
Ich merkte, wie sich der Druck in mir immer mehr abbaute. Ich hatte keine großen Pläne, sondern ließ mich von Valoo einfach mitziehen. Ich nahm die Aufgaben, die uns gestellt wurden, einfach an und machte das Beste draus. So gab es auch viele Tage, die ich wie folgt im Tagebuch festhielt:
Heute bin ich mit Valoo gegen Abend nur mit Halfter und ohne Sattel bei uns im Wald geritten. Da wir zufällig an dem kleinen Geländesprung vorbeikamen, nahmen wir diesen doch gleich mit! Er sprang ohne Zögern darüber. Es macht so Spaß und irgendwie gibt mir dieses Pferd ein ganz besonderes Gefühl. Wir genießen die Zeit – mit allen positiven und negativen Erfahrungen – so sehr.

Ohne es zu planen, schlich sich das Reiten mit Pad immer mehr in den Vordergrund. Jetzt im Nachhinein merke ich anhand der Tagebucheinträge, dass wir immer öfter kleine Aspekte ganz ungezwungen mit ins Training eingebaut haben, die unser heutiges Leben so positiv bestimmen.

Humor und Verrücktheit fehlen bei uns nie!

MEIN TAGEBUCH

25. April 2015

Da ich das ganze Wochenende Blockseminar und Prüfung an der Uni hatte, konnte ich nur abends reiten. Natürlich erwischte ich genau die eine Stunde, in der es total regnete! Manchmal nass zu werden, sind wir gewohnt, weil wir keine Reithalle haben ... Unser erstes Turnier rückt näher und die Vorfreude steigt! Die nächste Woche ist erstmal unsere Geburtstagswoche – Valoo hat am 27. April und ich habe am 28. April Geburtstag –, bevor es dann zur Eignung und Dressurpferdeprüfung geht! Am besten klappten heute Übergänge vom Trab in den Galopp! Valoo wird deutlich beständiger. Die Regenprobe hat er auf jeden Fall auch bestanden!

01. Mai 2015

Ich bin sprachlos! Valoos erstes richtiges Turnier verlief einfach perfekt! Mit einer 7,6 in der Eignungsprüfung brachte er uns auf den 3. Platz! In der Dressurpferdeprüfung lief er ebenso super, und wir kassierten eine 7,2. Einfach traumhaft! Für seinen ersten Turniereinsatz hat er sich super benommen. Schon die Fahrt verlief ohne Probleme und auch das Fertigmachen und Abreiten klappte super!

Einzig die Kartons vom Pizzawagen fand er etwas gruselig und drückte sich auf dem Abreiteplatz etwas weg. In der Halle angekommen, machte er keine Sperenzchen und glotzte nicht. Während den Prüfungen wollte er nur nicht so gern in die Ecken und lief dadurch manchmal etwas in Außenstellung. Gelobt wurde aber sein Springvermögen und seine Bergaufgaloppade! Ich bin einfach unheimlich stolz auf ihn und freue mich riesig aufs nächste Turnier. Ich bin zurück im Turniersport und habe dafür, glaube ich, einen ganz tollen Partner an meiner Seite.

14. Mai 2015

Hamma mega krass! Valoo und ich waren heute in Nortrup auf dem Turnier. In der Dressurpferde A am Morgen lief er super schön, und wir konnten uns mit einer 7,6 den 6. Platz ergattern! Aber damit sollte noch nicht Schluss sein. Am Nachmittag holten wir in unserer ersten Reitpferdeprüfung für 4-Jährige den 3. Platz mit einer 7,8. Die Note setzt sich aus den Teilnoten Trab (7,0), Galopp (8,5), Schritt (7,5), altersgemäße Erfüllung der Skala der Ausbildung (8,0) und dem Typ bzw. der Qualität (8,0) zusammen. Damit haben wir die Startgenehmigung für das Reitpferde-Championat beim Bundesturnier in Hannover ... Ich bin so stolz auf Valoo! Seine Neugier und Gelassenheit machen ihn einfach zu etwas ganz Besonderem. Danke Valoo!

AUF ZUM TURNIER

Nach so vielen tollen Trainingseinheiten war es am 1. Mai 2015 so weit – das allererste Turnier mit meinem kleinen Bub! Ich ging die ganze Sache komplett ohne irgendwelche Ziele an. Ich wusste, dass wir auf einem guten Weg waren, uns immer besser kennenlernten und er bereit war, in seinen ersten Prüfungen zu starten.
Was dabei rauskäme und wie er sich benehmen würde, war mir egal, und ich versuchte auch keine Prognosen zu stellen. Es sollte so kommen, wie es kommt. Als eines der ersten Bewährungsproben ging es auf ein kleines Turnier bei uns in der Nähe, mit dem ich schon oft in meine „grüne Saison" im April gestartet bin.

TURNIER-WERTNOTEN

Die Wertnoten auf einem Turnier sind gestaffelt von 0 bis 10.

0 = nicht ausgeführt
1 = sehr schlecht
2 = schlecht
3 = ziemlich schlecht
4 = mangelhaft
5 = genügend
6 = befriedigend
7 = ziemlich gut
8 = gut
9 = sehr gut
10 = ausgezeichnet

Im Durchschnitt werden die Noten 6 bis 8 am häufigsten vergeben. Differenziert bewertet wird die Leistung in 0,1-Schritten. Beispiel: 7,0 / 7,1 / 7,2 / 7,3 / 7,4 ...

Mit einer 7,6 kann man sehr zufrieden sein und ist damit häufig auch gut platziert. Aber es kommt natürlich immer auch auf die jeweilige Prüfungssituation an.

Nach den guten Erfahrungen auf dem ersten Turnier beschloss ich, Valoo in dieser Saison öfter vorzustellen. Ich wollte wissen, wie er sich in den verschiedenen Prüfungen schlägt und wo die Reise für uns hinführen könnte.
Das nächste Turnier fand nur zwei Wochen später in meinem Heimatverein statt. Das war natürlich eine tolle Möglichkeit – mit wenig Aufwand und einer kurzen Fahrt.
Wie der Eintrag vom 14. Mai 2015 zeigt, war ich überglücklich. Ich hatte es geschafft, ein junges Pferd erfolgreich auf seinen ersten Turnierstart vorzubereiten – und wir waren beide mit viel Spaß dabei. Die guten Platzierungen waren das Sahnehäubchen, während ich mich einfach total über Valoos Benehmen gefreut habe.
Neben den Turniererfahrungen ging es zu Hause mit dem Training weiter. Auch wenn ich am liebsten jeden Tag mit Valoo trainiert hätte, gab es für ihn auch manchen freien Tag, denn auch unsere anderen Pferde hatten weiterhin meine Aufmerksamkeit verdient.
Neben den normalen Trainingseinheiten fing ich dann immer öfters an, die Trense wegzulassen und Valoo frei zu reiten. Für mich war das immer noch neu und irgendwie auch nur eine kleine Herumspielerei. Durch meinen damaligen Dressurtrainer wusste ich, wie wichtig die Lenkung über den Sitz und unabhängig vom Zügel ist. Auch deshalb bekam ich immer mehr Spaß daran, das Reiten ohne Trense weiter auszuprobieren.

KRUPPE HEREIN STEP BY STEP

Da viele Pferde anfangs beim „Kruppe herein" mit der Hinterhand nach außen streben, bleibe ich zu Beginn an der Umzäunung oder der Bande. Um später dieses „Problem" zu unterbinden, bringe ich dem Pferd bei, dass es auf ein Signal – bei mir der Pfiff – die Kruppe zu mir herein bewegt. Auch hier gibt es ganz unterschiedliche Ansätze, die viele tolle Trainer anwenden. Ich habe durch Ausprobieren einen Weg für mich gefunden, der bislang bei allen Pferden gut geklappt hat.

1.

Ich streiche das Pferd mit der Gerte einmal am ganzen Körper ab, damit es sich nicht vor der Gerte erschrickt und nach vorne springt. Das Pferd steht im freien Raum (also nicht an der Bande) und ich drehe mich zum Pferd. Es folgen nun die drei Schritte: Kommando – Warnung – Hilfestellung mit der Gerte. Ich empfehle für Großpferde eine Gerte, die ca. 1,40 Meter lang ist. Ich nutze dafür eine Pony-Fahrpeitsche. Es gibt aber auch viele andere Touchiergerten. Da muss jeder seinen Favoriten finden – auch abhängig von der Pferde- bzw. Ponygröße.

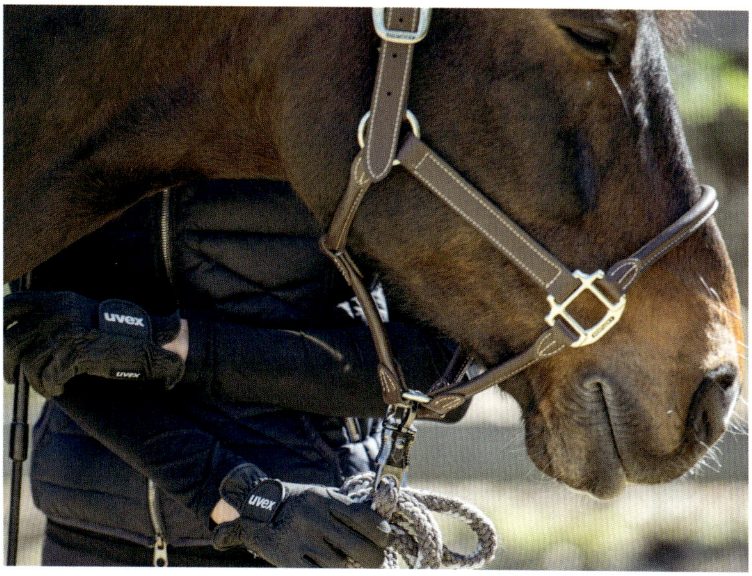

2.

Ich halte das Pferd mit der rechten Hand ziemlich nah am Halfter fest. ACHTUNG: Steckt eure Finger bitte nicht durch irgendwelche Ringe oder haltet es direkt am Panikhaken fest, denn dieser kann sich schnell öffnen. Mit der linken Hand führe ich die Gerte unter den Pferdehals in Richtung der rechten Pferdekruppe.

3.

Nun kommt das Kommando, danach die Warnung und dann touchiere ich vorsichtig die Kruppe des Pferdes. Zunächst könnte das Pferd verwirrt sein und nicht verstehen, was es tun soll. Versetzt euch kurz in die Lage des Pferdes und haltet euch die Zielübung klar vor Augen. Bewegt langsam den Kopf des Pferdes zur rechten Seite, denn so ist die Wahrscheinlichkeit größer, dass die Kruppe zu euch kommt.

4.

Wenn euer Pferd verstanden hat, was es machen soll, ist das Ziel, dies allein über das Kommando abrufen zu können. Im nächsten Schritt stellt ihr euch schräg zum Pferd und nehmt die Gerte in die rechte und den Strick in die linke Hand. Das Kommando bleibt, und ihr versucht nun, mit der Gerte oben über dem Rücken genau den Punkt an der rechten Kruppe zu treffen.

5.

Anfangs gehen die Pferde oft rückwärts oder bewegen alle vier Beine. Um das Rückwärtsgehen zu begrenzen, nutzt ihr eure rechte Hand am Halfter. Sobald das Pferd einen seitlichen Schritt macht, unterbrecht ihr die Übung, ohne hektisch zu werden, und lobt ausgiebig. Setzt direkt noch einmal an, um den Erfolg zu wiederholen. Nachdem die Pferde anfangs häufig etwas nervös werden und die Lösung nicht sofort finden, lieben sie die Übung später. Bei allen Pferden, denen ich dieses Kommando beigebracht habe, klappt es wirklich sehr gut und auch zuverlässig.

6.
Auch hier gilt: Ein erster Schritt ist anfangs eine Pause wert. Klappt es nicht, geht wieder einen Schritt zurück und touchiert von der Pferdebrust her. Wenn ihr merkt, dass euer Pferd das Kommando verstanden hat, entfernt ihr euch weiter vom Pferd und probiert es aus einer größeren Entfernung.

7.
Kruppe herein erleichtert euch später auch das Aufsteigen von einer Aufstiegshilfe. Steht das Pferd nicht passend, ruft ihr die Kruppe herein oder schickt das Pferd rückwärts. Kruppe herein solltet ihr auf beiden Seiten trainieren. Wundert euch nicht, dass die meisten Pferde zunächst zur bereits erlernten Seite weichen, wenn ihr zum ersten Mal die rechte Hand ausprobiert. Mit ein wenig Geduld, Konsequenz und Freundlichkeit verstehen eure Vierbeiner schnell, dass es auch zur anderen Seite funktioniert.

Das Vorwärts-Seitwärts erfordert ein gutes Einfühlungsvermögen und schnelle Reaktionen, vor allem am Anfang.

VORWÄRTS-SEITWÄRTS AN DER HAND

Aus dem Kruppeherein könnt ihr in die Seitwärtsbewegung kommen. Startet mit diesen Übungen aber bitte nicht gleichzeitig. Das könnte zu Verwirrungen beim Pferd führen. Weiß euer Pferd, dass es auf Kommando die Kruppe zu euch bewegen soll, dann könnt ihr euch an die Bande stellen und das Pferd normal führen.

Ihr geht dabei an der Bande entlang rückwärts und holt während der Vorwärtsbewegung des Pferdes die Kruppe herein.

Das Pferd wird am Anfang wahrscheinlich mehr eine Mischung aus vorwärts und seitwärts zeigen. Lasst euer Gefühl spielen und versucht, die Vorwärts- und Seitwärtsbewegungen in Waage zu bekommen. Nehmt euch Zeit und beendet die Übung nach dem ersten Erfolg, auf dem ihr aufbauen könnt.

Auch hier gilt: Es gibt nicht nur eine Richtung! Trainiert also auch das Seitwärtsgehen zu beiden Seiten.

1

2

1 Auch wenn der Blick zum Pferd geht, bleibt mein Körper nach vorne ausgerichtet.

2 Für die Wendung drehe ich meine innere Schulter zum Pferd und verschließe so den Weg nach vorne.

TRAB UND GALOPP AN DER HAND

Wenn das generelle Führen im Schritt (siehe Seite 30) gut funktioniert, dann könnt ihr jeweils eine Gangart höher schalten.
Zum Antraben beginne ich selbst auf der Stelle zu laufen und gebe gleichzeitig ein Stimmkommando, damit ich später auch unabhängig von meiner Körpersprache das Antraben abfragen kann. Sollte das Pferd nicht antraben, dann könnt ihr nach der Warnung mit der Stimme („Naaa“) vorsichtig die Hinterhand mit der Gerte antippen.
Fügt viele Übergänge vom Trab zum Schritt und vom Trab zum Halten ein. Wählt für jede Übung ein unterschiedliches Kommando. Stimmkommandos sollten sich gut voneinander unterscheiden. Als sogenannte „Notbremse“ setze ich zum Beispiel das „Scchhht“ zum Halten ein. So kann ich auch aus dem Trab und Galopp das Pferd stoppen, wenn es das „Schhht“ als Kommando gelernt hat.
Für das Galoppieren geht auch ihr im „Galopp“ auf der jeweiligen Hand neben dem Pferd. Gerade das Angaloppieren ist für viele Pferde anfangs schwer. Sollte es nicht auf Anhieb klappen, probiert zunächst, das Pferd an der Longe zu galoppieren und verkürzt die Longe nach und nach. Probleme beim Galoppieren entstehen häufig dadurch, dass entweder das Pferd noch nicht so gesetzt galoppieren kann oder der Mensch zu langsam läuft. Gebt nicht nach dem ersten Scheitern auf. Das Ganze braucht Zeit! Um es einfacher zu machen, lauft ihr innen einen kleinen Zirkel mit. So kommt ihr mit dem Pferd besser in Einklang. Die Zirkelgröße solltet ihr so wählen, dass euer Pferd seinem Ausbildungsstand entsprechend angaloppieren kann.

FITNESS- UND AUFWÄRM-PROGRAMME FÜR MENSCHEN

Neben meiner Arbeit mit den Pferden habe ich Chemie und Sport studiert. Schon mit meiner Bachelorarbeit zum Thema „Einfluss der körperlichen Leistungsfähigkeit des Reiters auf die Pferde-Reiter-Interaktion“ und der danach folgenden Masterarbeit zum Thema „Videobasierte Bewegungsvermittlung im Pferdesport – eine empirische Studie über Social-Media“ habe ich den Fokus auf den Sport im Zusammenhang mit dem Reitsport gelegt.

Meines Erachtens ist die sportliche Seite zu sehr auf den Sportpartner – das Pferd/Pony – gelenkt und weniger auf die Fitness des Reiters. Ich selbst mache schon immer sehr gern Sport und seit meinem Abitur noch deutlich intensiver.

Während meines Studiums durfte ich in viele verschiedene Sportarten reinschnuppern und habe gemerkt, wie wichtig Sport für Menschen ist. Und auch mir selbst ist dabei bewusst geworden, dass mir andere Sportarten beim Reiten enorm weiterhelfen.

Wir nennen unsere Vierbeiner häufig auch gern Sportpartner. Aber wer leistet die meiste Arbeit in der Zusammenarbeit? Genau! Das Pferd oder Pony. Vor allem ist die körperliche Fitness nicht außer Acht zu lassen, wenn es um die Sicherheit im Reitsport geht.

Schon im Kadertraining hatten wir Sporteinheiten, und nach einem vollen Lehrgangstag ging es abends noch in die Sporthalle. Aber wie sieht es bei viele Hobbyreitern aus? Ich möchte auf keinen Fall alle über einen Kamm scheren und es gibt sicherlich viele tolle Reiter, die sich auch um ihre eigene Fitness unendlich viele Gedanken machen.

Für alle anderen gilt aber, dass sie von ihren Pferden keine Höchstleistungen verlangen können, wenn sie nicht selbst ihren körperlichen Zustand in Ordnung halten. Wir ziehen Osteopathen, Therapeuten, Sattler, Tierärzte zurate und unzählige Varianten von Zusatzfuttermitteln in Erwägung, wenn es um die Gesundheit unserer Vierbeiner geht.

Was ist aber, wenn die Verspannungen beim Pferd durch meine unausbalancierte Haltung – also von oben aus dem Sattel heraus – kommt? Wenn ich vernünftige Hilfen geben möchte, um mein Pferd fein und sensibel reiten zu können, dann muss ich meine Muskeln unabhängig voneinander steuern können. Ich brauche eine Grundspannung und sollte trotzdem locker und geschmeidig der Bewegung meines Pferdes folgen können.

In der Theorie hört sich das vielleicht alles stimmig an, aber in der Praxis wird dem Punkt meistens nur kurz nachgegangen, bevor das nächste Wunderpulver das Ganze wieder zurecht rücken soll.

Durch Sport bekommt man Energie und gute Laune. Das freut auch Kluntje!

Mehr Fitness bringt uns weiter

Auch wenn ich hier eventuell etwas übertreibe und längst nicht alle Reiter „unsportlich“ sind, so liegt mir dieses Thema einfach sehr am Herzen. Wenn wir etwas von unseren Pferden verlangen und den besten, ausgereiftesten Plan in Bezug auf Muskelaufbau, Fütterung und Training mit allem Schnickschnack für unser Pferd haben, so sollten wir einen Teil unserer Zeit auch damit verbringen uns selber zu hinterfragen und unseren Körper auf Vordermann zu bringen. Das Ganze ist mit wenig Kosten machbar und erfordert nur das (nett gesagt) „Anschieben unseres Schweinehundes“.

Wenn ich meinen Körper durch andere Sportarten besser kennenlerne, kann ich ihn anders beim Reiten einsetzen. Demnach habe ich zum Beispiel durch Ausdauertraining (sei es Laufen, Fahrradfahren oder Schwimmen) mehr Ausdauer und Luft im normalen Training.
Dadurch kann ich länger konzentriert bei der Sache bleiben und mein Pferd/Pony bestmöglichst unterstützen, ohne nach Luft schnappend nach dem Parcours im Sattel hin und her zu wippen (wie gesagt, ich übertreibe an dieser Stelle gern, um meinen Standpunkt klarzumachen). Hinterfragen sollte es zumindest jeder einmal.

LISAS FITNESSIDEEN

Wenn ihr keine Lust auf Standardtraining oder das 20. Work-out im Wohnzimmer habt, dann seid kreativ. Lasst euren Ideen freien Lauf und schnappt euch euer Pferd. Für das Pferd ist es eine Abwechslung, mit euch laufen zu gehen. Ihr könnt euch am Pferd abstützen und dies mit dem Kommando des Stehenbleibens kombinieren, so ist auch gleich Bodenarbeit mit dabei. Vielleicht geht ihr auch auf die Weide und trainiert dort in Anwesenheit der Vierbeiner? Los geht's!

1.
Liegestütz
Ein bisschen Kraft sollten wir ebenfalls trainieren. Wie wäre es mit ein paar Liegestützen am Pferd? Dies geht auch am stehenden Pferd, in einem etwas anderen Winkel.

2.
Posing
Hier mache ich auf Valoo liegend einfach nur eine lustige Pose.

3.

Pause

Neben dem Training gehört natürlich auch die gemeinsame Pause dazu.

4.

Stretching

Valoo legt sich auf Kommando hin und bleibt liegen, so kann ich meine Unterschenkelrückseite dehnen. Danke, Valoo!

RÜCKWÄRTS STEP BY STEP

Rückwärtsrichten ist eine wichtige Übunge in der Bodenarbeit, es gymnastiziert das Pferd und bringt Abwechslung ins Training. Auf Seite 50 findet ihr noch mehr Infos zum Rückwärts an der Hand. Ihr könnt das Rückwärtsrichten nicht nur aus der gewohnten Position neben dem Pferd abrufen. Nach den ersten Schritten ist es möglich, das Pferd auch von der Seite oder von hinten zu steuern. Auch mit größerem Abstand könnt ihr diese Übung ausprobieren. Lasst eurer Kreativität freien Lauf und probiert ein paar Dinge aus.

1.

Ich bleibe mit meinen Schulter nach vorne gerichtet und lehne meinen Oberkörper höchstens ein wenig zurück.

2.
Zunächst kommt das Stimmkommando „Schhht“ bzw. „Zzzzz“ , es ist das Signal für das Rückwärts.

3.
Kommt keine Reaktion nach Stimmsignal und Warnung, tippe ich mit der Gerte vor die Brust.

4.
Schon nach dem ersten Schritt lege ich anfangs eine Pause ein und lobe.

5.
Wenn das Rückwärts auf einer Seite gut klappt, wechsle ich die Seite und starte mit der Übung von rechts.

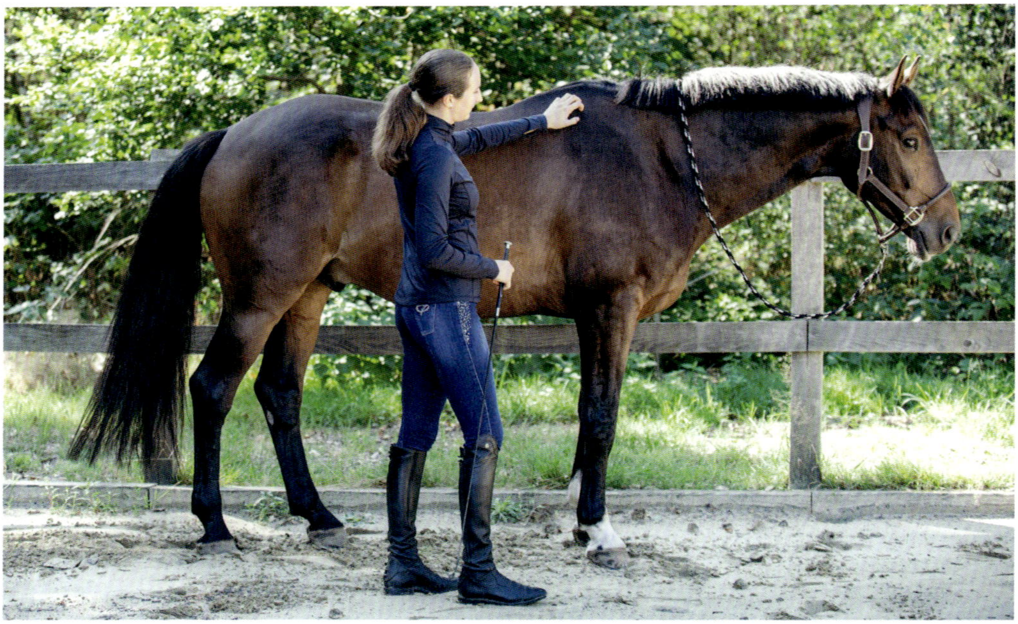

6.
Ich „kraule" mich entlang des Pferdekörpers nach hinten, um das Rückwärts auch hinter dem Pferd stehend abrufen zu können.

7.
Klappt es gut, probiere ich es auch von der Kruppe aus und später auch ganz hinter dem Pferd stehend.

8.
Bei den Übungen am Boden geht es mir darum, dass Valoo meinen Signalen folgt.

MEIN TAGEBUCH

17. Mai 2015
Heute hat Valoo Papa beim Bäume beschneiden geholfen, indem er die Äste essen wollte. Auch beim Misten wollte er anscheinend wieder fleißig mithelfen und hat mir ständig die Mistgabel aus der Karre geklaut. Danach haben wir unseren Springplatz gemäht und sind mit Chapy und unserem Esel Mrs. Bifi durch den Wald spaziert. Naja, die Eselin ist irgendwo stehen geblieben und hat gefressen ... wir haben sie dann später wieder eingesammelt!

20. Mai 2015
Heute Nachmittag waren meine Freundinnen Jutta und Conny da. Ich musste natürlich zeigen, wie Valoo läuft und habe mich einfach auf der Wiese ohne Sattel auf ihn geschwungen und den Halsring im Gepäck gehabt. Auf dem Springlatz machte ich ihn dann etwas warm und bin kleine Hindernisse gesprungen. Zu guter Letzt zog ich die Trense auch noch vom Kopf ab und wir sprangen komplett ohne alles. Ein wahnsinnig gutes Gefühl, sag ich euch! „Nebenbei" habe ich den leichten Sitz ohne Sattel geübt und dabei an meiner Oberschenkelmuskulatur gearbeitet!

22. Mai 2015
Valoo hat heute mal wieder einen tollen Job gemacht! Mit einer 8,3 erreichten wir den 2. Platz in der Eignung und holten uns eine 7,3 in der Reitpferdeprüfung in Ganderkesee ab! Er lief super und war auch angenehm in der Hand. Leider war er gerade im Schritt sehr, sehr triebig und wollte nicht so gerne vorwärtslaufen. Irgendwie komisch! Aber trotzdem, er hat es super gemacht, und mit einer 8,3 können wir, denke ich, mehr als zufrieden sein.

25. Mai 2015
Heute waren Ernst Bredemeier und seine Frau Liesel zu Besuch. Sie haben sich Valoo das erste Mal bei uns zu Hause angeguckt, nach einem halben Jahr! Ernst Bredemeier war sichtlich begeistert und hat auch gleich mit Valoo geschmust. Ich finde es toll, dass ein Züchter ein so großes Interesse an seinen Vierbeinern zeigt und sich nach dem neuesten Stand erkundigt. Viele nette Worte zeigten, dass sich unsere Arbeit gelohnt hat und wir weiter an unserer Kommunikation und dem Vertrauen arbeiten werden! Als Nächstes müssen wir es schaffen, dass Valoo etwas flotter wird.

Das erste Turnier vergisst man nicht.

ZIRKUSLEKTIONEN UND MEHR

Neben den normalen Trainingseinheiten fing ich dann immer öfters an, auch die Trense wegzulassen und frei zu reiten. Für mich war das alles noch total neu und irgendwie auch immer nur eine kleine Herumspielerei. Durch meinen damaligen Dressurtrainer habe ich aber gelernt, wie wichtig die Lenkung über den Sitz und unabhängig vom Zügel ist. So bekam ich immer mehr Lust darauf, mich ohne Trense zu testen und auszuprobieren.
Zu Hause baute ich neue Elemente aus der Zirkusarbeit ins Training mit ein. Wir starteten mit der Übung Kompliment, und mithilfe meines Bruders Matthes gelang es Valoo und mir, diese Aufgabe immer besser und präziser umzusetzen. Auch wenn ich es vielleicht nicht ganz wahrhaben wollte, gefiel mir die Bodenarbeit mindestens genauso gut wie das normale Reiten und der tägliche Umgang.
Und nie hätte ich es gedacht, aber ich startete wirklich in einer Geländepferdeprüfung. Nach all den Schreckgespenstern, die mir beim Springen von festen Hindernissen das Leben schwer gemacht haben, hatte ich endlich wieder Zutrauen gefasst. Mir machte das Springen im Gelände endlich wieder Spaß. Ich nannte für Valoo und mich eine Geländepferdeprüfung der Klasse A, die extra für die jungen Pferde fair und einfach aufgebaut war.
Ich sag es euch ... für mich veränderte sich so viel. Dieses Pferd veränderte mich, ich veränderte es – und wir wuchsen immer mehr zusammen. Trotzdem hätte ich damals nie gedacht, was uns noch alles erwarten würde.
Neben den ganzen Fortschritten war mir der Kontakt zum Züchter besonders wichtig. Ernst und Liesel Bredemeier sind so liebevolle Menschen, die bis heute so viel Interesse an den Lebensläufen ihrer Schützlinge zeigen. Mitte Juni besuchten wir Ernst und Liesel. Warum ich davor so aufgeregt war? Lest es selbst in meinem Tagebucheintrag vom 11. Juni 2015.

MEIN TAGEBUCH

03. Juni 2015

TURNIERBERICHT! Wahnsinn! Valoo macht mich sooo glücklich! Es ist ein tolles Gefühl, immer mehr Sicherheit im Gelände zu bekommen. Seit meinem Sturz mit Humphrey habe ich nie wieder so viel Freude im Gelände gehabt wie in der letzten Woche.
Valoo lief eine souveräne Runde und beendete die Geländepferdeprüfung ohne Steher mit einer 7,2. Lediglich drei Sekunden waren wir über der Zeit! Aber auf die Zeit kommt es mir überhaupt noch nicht an! Es war das erste Mal, dass Valoo überhaupt so lange am Stück galoppiert und einen Parcours mit 15 Hindernissen gesprungen ist.
Das Beste war der Sprung über den Graben. Erst über dem Hindernis hat Valoo den Graben gesehen – und sich nochmal richtig rund gemacht. Darauf war ich nicht vorbereitet, aber es ist alles gut gegangen. Die Richter lobten den Stand der Ausbildung und fanden seine Sprungtechnik und seinen starken Absprung sehr gut. Er sei auf dem richtigen Weg! Valoo muss noch einen raumgreifenderen Galopp entwickeln und mehr Kondition bekommen. Doch diese Dinge kommen fast von alleine, wenn wir in der nächsten Zeit vermehrt an der Ausdauer arbeiten. Ich bin so happy über diese tolle Erfahrung und freue mich auf das weitere Training! Endlich kommt das Vielseitigkeitsfeeling wieder!

11. Juni 2015

Springplatz gemäht, Hindernisse umgestellt, Stalldienst gemacht – und Valoo lief auch gut. Nächste Woche fahren wir zu seinem Züchter und schauen uns seinen ein Jahr jüngeren Vollbruder an! Ich bin schon richtig gespannt. Da er gerade eingeritten wurde, möchte ich mich auch mal draufsetzen.

21. Juni 2015

Heute waren wir bei Valoos Züchter und haben uns Valoos Bruder angeschaut. Auch ein ganz tolles Pferd mit einem super Charakter, der erst gestern vom Einreiten wiedergekommen war. Ich durfte ihn das erste Mal reiten und war total begeistert von diesem Pferd. Er hat sooo viel Ähnlichkeit mit Valoo! Als wir unsere Hunde frei in der Halle laufen gelassen haben, lief er ihnen die ganze Zeit hinterher. Er ist genauso neugierig wie Valoo. Auch Valoos Halbschwester (erst ein paar Monate alt) haben wir uns angeschaut und uns total verliebt. Ein kleines Stütchen, die ein Schimmel werden wird. Schön langbeinig und recht kompakt. Ich bin gespannt, wie sie sich entwickelt und freue mich auf den nächsten Besuch.

Spanischer Schritt

Den Spanischen Schritt kann man auf verschiedene Weise üben. Ich mache es mit meinen Pferden so, dass ich zunächst aus dem Stand heraus versuche, eine Reaktion auf das Touchieren des Beins mit der Gerte zu erhalten.

- Ich tippe das Pferd oberhalb des Vorderfußwurzelgelenkes mit der Gerte ganz leicht an und lobe sofort, sobald es eine kleine Beinbewegung zeigt. Oftmals verstehen die Pferde nach relativ kurzer Zeit, was ich von ihnen will. Es ist wichtig, relativ schnell in die Bewegung zu kommen, damit der Spanische Schritt später flüssig ausgeführt werden kann.
- Ich gehe an der Bande entlang und frage alle paar Schritte mit einer Berührung der Gerte am inneren Vorderbein ein verstärktes Heben des Beines ab. Hebt das Pferd das Bein nicht, so unterstütze ich die Übung mit einem „Naaa“.
- Zeigt das Pferd eine Reaktion, baue ich immer wieder Pausen ein. Vergesst auch nicht, dass ihr die Übung auf beiden Händen übt. Erst wenn das Pferd sicher alle paar Schritte das Bein stärker anhebt, fragt ihr jeden Schritt ab und übt es auch mit dem anderen Bein.
- Ab jetzt ist euer Gefühl und vor allem euer Zeitmanagement gefragt. Ihr werdet merken, dass der Spanische Schritt nach und nach erkennbar wird. Achtet darauf, eure Reizübermittlung anzupassen und die Gerte nicht zu oft einzusetzen.

„Hey Kumpel – tolles Training heute, Feierabend!“

DREH DICH STEP BY STEP

Das Kommando „Dreh dich" beschreibt eine Drehung, die das Pferd um sich selbst herum ausführt, während ich stehen bleibe. Das Ganze wird zunächst als halbe Drehung geübt und kann später als komplette Pirouette im Schritt, Trab und sogar im Galopp abgefragt werden. Um es als Showelement eleganter wirken zu lassen, kann ich mich dabei in die entgegengesetzte Richtung drehen. Doch wie beginne ich mit dieser Übung?

1.

Ich befestige einen langen Strick unten am Halfter und lege ihn über den Pferdehals. Dann gehe ich auf der linken Seite des Pferdes nach hinten zur Kruppe und halte das Ende des Stricks in der Hand.

2.

Auf ein Stimmkommando hin, zum Beispiel „Dreh dich", übe ich einen leichten Druck auf den Strick aus, um zuerst den Pferdekopf in meine Richtung zu holen, bis dann das ganze Pferd neben mir steht. Damit haben wir eine Hälfte der Drehung geschafft.

3.

Ich arbeite in kleinen Schritten weiter, bis ich die halbe und dann auch die ganze Drehung vor dem Pferd stehend abfragen kann. Damit mich mein Pferd beim Drehen nicht umrennt, mache ich vor dem Start der Übungen einen Schritt nach hinten und entferne mich vom Pferd.

4.
Zusätzlich zum Strick nehme ich nach einiger Zeit eine Gerte dazu und zeichne einen kleinen Kreis über dem Pferd in die Luft. Wenn sich das Pferd sicher dreht, strecke ich die Gerte nach hinten aus, sodass sich das Pferd an der Gerte orientiert.

5.
Die meisten Pferde verstehen relativ schnell, was sie machen wollen. Klappt es mal nicht, geht wieder einen Schritt zurück und startet von diesem Punkt an neu.

6.
Habt Geduld und nehmt euch mehrere Trainingse nheiten dafür Zeit.

7.
Loben natürlich nicht vergessen.

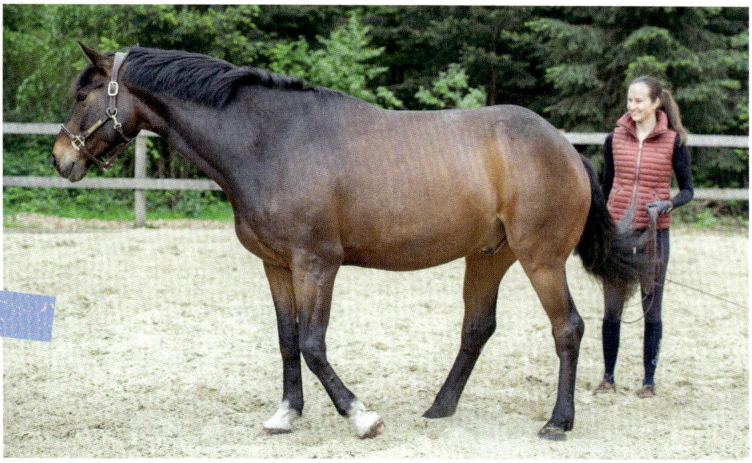

8.
Gelingt es mit dem Strick gut, könnt ihr ihn losmachen und die Übung frei probieren.

Schon in jungen Jahren lernte Valoo viel und durfte sich dadurch spielerisch weiterentwickeln.

SPÄTES TRAINING

Zu Hause ging es mit Valoos Training weiter. An vielen Abenden war ich erst gegen 22:00 oder 23:00 Uhr in der Halle. Durch späte Uni-Kurse und den langen Fahrtweg war ich oft nicht vor 21:30 Uhr zu Hause. Das Gute daran war, dass ich viel Ruhe hatte und es für mich pure Entspannung war, spät abends mit Valoo zu trainieren oder einfach auch nur mit ihm zu spielen. So kramten wir manchmal die Ponyspielsachen aus den Ecken heraus, stellten Fahnen, Hütchen oder Kisten in die Halle und probierten alles Mögliche aus. Momente wie am 26. Juni waren einfach Gold wert und ich hatte das Gefühl, gemeinsam mit Valoo auf eine ganz andere Art und Weise zu lernen, als ich es im normalen Alltag oder Training bisher getan hatte. Mit Valoo ging es weiter durch die erste Saison. Wir probierten uns in

Spring-, Dressur- und auch in Geländepferde-Prüfungen aus. Dabei war die Abwechslung im alltäglichen Training immer dabei – meistens nicht geplant oder gezielt, sondern einfach aus der Laune heraus.
Ich hatte richtig Gefallen daran gefunden, mit meinem Pferd auf unterschiedlichste Art und Weise zu arbeiten, Neues auszuprobieren und trotzdem den klassischen Weg der Ausbildung zu verfolgen.

Es kamen weitere Ideen hinzu, an die ich früher gar nicht gedacht hatte. Ich hatte es auch nie hinterfragt, warum ich mit Trense und Sattel reite. Es erschien mir einfach richtig und wichtig. Ich lege auch heute noch viel Wert auf die klassische Ausbildung und verpöne weder Sperrriemen noch Sporen. Meine Tagebucheinträge spiegeln meine Begeisterung für neue Trainingsideen und dieses unglaubliche Gefühl sehr gut wider.

MEIN TAGEBUCH

26. Juni 2015

Heute haben wir Bodenarbeit gemacht. Es klappte alles super. Außer, dass Valoo auf einmal meinte, er könne abhauen, und die ganze Zeit herumgaloppierte. Ich habe mich einfach in die Mitte gesetzt und gewartet. Das Schöne war, dass er sich mir oft näherte. Er war einfach so neugierig, dass er immer wieder zu mir kam.

30. Juli 2015

Was für ein krasses Pferd! Valoo und ich wollten heute eigentlich nur gemütlich ausreiten und auf der großen Wiese ein paar Dressurlektionen ohne Sattel üben. So weit, so gut! Er lief total toll und arbeitete motiviert mit. Als ich auf dem Rückweg am Springplatz vorbeikam, kribbelte es mir sehr in den Fingern. Wir ritten zunächst mit Halsring und ohne Sattel dressurmäßig zwischen den Hindernissen umher. Aber wozu brauchten wir eigentlich den Halsring, wenn es Schenkel- und Gewichtshilfen gibt? Weiter ging es also ganz ohne Halsring, Trense oder Sattel, lediglich die Gerte hatte ich noch in der Hand. Valoo war super aufmerksam und reagierte auf Gewichtsverlagerungen und Stimme! Ich war so baff, dass ich erst einmal Mama anrief und es ihr erzählte! Aber da waren ja noch die Hindernisse ... Nun ja, kurzer Hand entschloss ich mich, einfach mal die Mauer anzureiten. Und Schwupps ... da flog er auch schon drüber. Es war sooo ein tolles Gefühl! Einfach frei zu reiten und das Vertrauen zum Partner, dem Pferd zu spüren. Es macht so viel Spaß! Danach folgten noch weitere Sprünge.
Der Gedanke, dass wir daran verstärkt üben könnten, ließ mich nicht los. Zur Belohnung ließ ich Valoo nach einer kurzen Einheit Bodenarbeit auf dem Springplatz frei. Da schmeckt das Gras anscheinend noch besser und seine Kumpels waren ja direkt nebenan. Fröhlich lief ich los und absolvierte meine heutige Laufstrecke mit guter Laune – 27 km mit einem Grinsen auf dem Gesicht! Als ich wieder heim kam, erwartete mich die nächste Überraschung. Valoo stand frech grinsend (ja, ich bildete es mir nur ein) mitten auf dem Hof und schaute sich Mamas Blumengarten an. Am Springplatz sah ich die Hufabdrücke vor und hinter dem doch recht hohen Weidetor. Ich glaube, Valoo hat wirklich gefallen am Springen gefunden. Morgen wird er schön massiert. Samstag geht es dann zum Turnier und nächste Woche zum Reitpferde-Championat! Ich hoffe, dass das Wetter nicht all zu heiß werden wird.

SOMMERVERGNÜGEN

Ob Motorräder, Rasenmäher-Trecker und die ganz Großen – die neugierigste Zeit des Pferdelebens habe ich genutzt, um Valoo alles zu zeigen – unter Beachtung der Sicherheit!

Probiert Neues aus und lasst euch nicht zu schnell einschüchtern.

HALSRINGREITEN

Das Thema Halsringreiten hat sich langsam in mein Leben geschlichen, wie ihr am Anfang des Buches (siehe Seite 19) lesen konntet. So war ich anfangs total happy, wenn ich überhaupt irgendwie ein wenig lenken konnte. Da ich aus der klassischen Reiterei komme, lege ich aber auch viel Wert auf eine gesunde und pferdegerechte Reitweise. Was das mit dem Halsringreiten auf sich hat, versuche ich euch hier zu erläutern.
Fragen wir mal zwei Reiterinnen nach ihren Meinungen. Reiterin A: „Ich würde niemals mit Halsring reiten. Es schadet meinem Pferd. Ich schnalle den Sperrriemen lieber etwas enger zu, damit mein Pferd das Maul nicht aufmacht. Sicher ist sicher." Reiterin B: „Ich reite mein Pferd nur ohne Sattel und Trense. Ich brauche all das andere Zeugs nicht. Mein Pferd soll sich frei fühlen und glücklich sein."
Ich weiß, dies sind zwei Extreme. Aber: Ich stimme keiner von beiden zu. Für mich ist eine solide Grundausbildung anhand der Skala der Ausbildung wichtig. Dazu gehört eine gut sitzende Trense und ein gut passender Sattel, der regelmäßig überprüft wird.
Ist dies gegeben, nutze ich den Halsring für die Gymnastizierung und zur Verfeinerung der Schenkel- und Gewichtshilfen. Habe ich das Pferd bei der Bodenarbeit sicher an den Hilfen und kann es gut einschätzen, dann reite ich auch nur mit Halsring und versuche, das Pferd in Biegung und Stellung und ins Vorwärts-Abwärts zu reiten. Auch einen Springparcours reite ich liebend gern nur mit Halsring, wenn alle Voraussetzungen gegeben sind.

Der Halsring kann je nach Benutzung schlecht, aber auch sinnvoll und gut eingesetzt werden.

Halsringreiten vorbereiten

Ich finde es nicht sinnvoll, einen Halsring zu benutzen, wenn das Pferd dressurmäßig nicht gut läuft, im Rücken fest ist und dazu noch den Kopf in die Höhe streckt.
Andererseits finde ich das Halsringreiten enorm wichtig für alle Reiter, die dadurch lernen, ihre Gewichtshilfen neben den Zügelhilfen zu verfeinern. Viele verneinen, dass sie über den inneren Zügel in die Wendung abbiegen – auch ich habe das früher getan. Aber wenn dem so wäre, müsste jeder mit dem Halsring nach innen abbiegen können, da der Halsring außen am Hals angelegt wird – und los ginge es. Meistens funktioniert es aber nicht. Wir alle kennen die Hilfen und häufig auch die Theorie, die dahintersteckt. Das lernen wir schon bei den verschiedenen Reitabzeichen. Aber auch ich habe erst durch das Reiten mit Halsring gemerkt, dass Theorie und Praxis oft weit auseinanderklaffen. Nehmt im ersten Schritt den Halsring zum Zaumzeug dazu. Gute Erfahrungen für den Einstieg habe ich mit dem Equizügel von Equimero gemacht. Er ist locker und kann wie ein Kandarenzügel zum normalen Zügel dazugenommen werden.

Ich probiere zunächst, wie ich den Druck am Hals variieren kann. Mit der Zeit wird der normale Zügel immer länger, bis ich ihn nicht mehr brauchte. Zum Abbiegen verlagere ich mein Gewicht auf den inneren Bügel und senke den inneren Gesäßknochen. Im Oberkörper bleibe ich gerade. Eine gute Vorübung: Setzt euch auf einen Stuhl auf beide Hände und hebt und senkt abwechselnd beide Gesäßknochen. Wenn ihr einen Gesäßknochen senkt, wird auch das dazugehörige Bein „länger", – also könnt ihr mehr Druck im Bügel ausüben. Der äußere Schenkel bleibt verwahrend (also etwa eine Handbreit hinter dem Gurt) am Pferdekörper liegen. Dieser begrenzt das Pferd außen. Den Halsring nutze ich, um die Schulter zu begrenzen. Der Halsring übernimmt also die Aufgabe des äußeren Zügels. Was nicht mehr vorhanden ist, ist der innere Zügel. Das heißt, dass beim Halsringreiten der Einsatz des inneren Zügels (z. B. halbe Paraden, ganze Paraden) wegfällt.

Reiten mit Halsring

Wie reite ich denn nun mit dem Halsring? Wenn ich ein gut ausgebildetes Pferd habe, dann ist der Einstieg gar nicht so schwer, wie manche denken.

- Zum Halten nutze ich mein Stimmkommando „Schhhhht" aus der Bodenarbeit. Nur weil wir auf dem Pferd sitzen, bedeutet dies ja nicht, dass es uns nicht mehr hören kann. Auch in Dressurprüfungen nutze ich leise Stimmsignale zum Halten, Rückwärtsrichten und Loben. Sollte das Stimmkommando noch nicht ausreichen, kann ich zusätzlich zur beidseitigen Gewichtshilfe (unterstützt durch das tiefe Ausatmen) am Halsring einen Impuls geben. Der Oberkörper hält eine Grundspannung, verspannt sich aber nicht.
- Bei Pferden, die zunächst gar nicht reagieren, kann der Halsring höher gehalten werden. Dies bedeutet, dass er Richtung Kopf wandert und dort am Hals Druck ausübt.

1

2

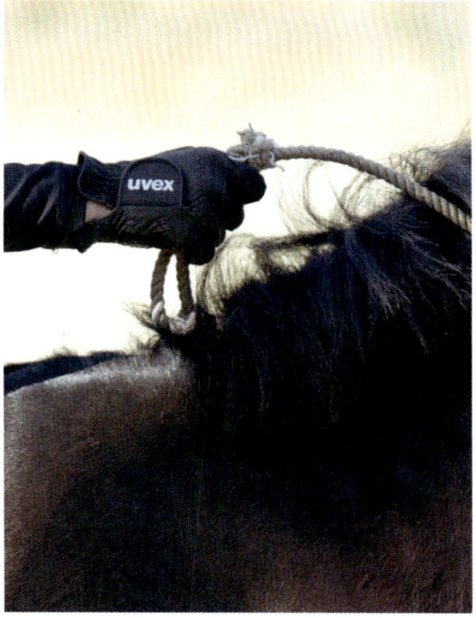

1 Den steifen Halsring greife ich meistens von unten mit der äußeren Hand.

2 Wenn ich dann die Hand schließe und den Daumen nach vorne drehe, liegt der Halsring außen automatisch etwas höher am Pferdehals.

Je höher der Halsring am Hals kommt, desto „schärfer“ wirkt er.
- Wenn ich mein Pferd vorwärts-abwärts reiten möchte, dann gebe ich kleine Impulse am Halsring und reite mit einer beidseitigen Schenkelhilfe „dagegen an“. Im nächsten Moment löse ich den Halsring und gebe dem Pferd die Möglichkeit, Kopf und Hals zu senken. Reagiert es nicht, baue ich wieder vorsichtig Druck auf und treibe mit den Schenkeln. Der Druck soll nicht zum Durchparieren führen, sondern die Situation nur etwas „unangenehmer“ machen.
- Durch das anschließende Lösen des Drucks wird der Weg nach unten geöffnet, und das Pferd hat die Möglichkeit, sich zu strecken. Sobald das Pferd die Streckung annimmt und als Lösung gefunden hat, nehme ich vorsichtig wieder Kontakt mit dem Halsring auf. Nun aber nur ganz leicht, um eine „leichte Zügelverbindung“ zu simulieren. So kann ich schnell eingreifen, wenn ich etwas verändern möchte, lasse mein Pferd nicht ganz alleine und bin trotzdem entspannt.
- Wenn ich mein Pferd in die Aufrichtung holen möchte, lasse ich den Halsring wieder höher wandern und gebe dort Impulse. Ich spreche immer von kleinen Impulsen, da ich immer kleine Reize setze, anstatt in einen Dauerimpuls zu kommen.
- Ihr könnt es euch so vorstellen, wie wenn ihr euren Finger auf eine Stelle drückt. Irgendwann merkt ihr den Druck nicht mehr. Wenn ihr aber wiederholt kurz nacheinander tippt, spürt ihr den Reiz stetig. Bei Dauerdruck müsstet ihr immer stärker ziehen, um den Reiz zu verstärken. Setze ich meinen Halsring höher ein, dann gebe ich eine Art „Aufwärtsparade“. Dabei reite ich weiterhin „an die Hand heran“ und halte die Spannung im Oberkörper.
- Ich löse den Halsring, wenn das Pferd in die Aufrichtung kommt. Meistens aber bleibt das Pferd zunächst nicht in Stellung und Biegung. Dafür fasse ich den Halsring von unten und drehe meinen Daumen nach vorne. So habe ich den äußeren Teil des Halsringes weiter oben und den inneren weiter unten. Ich stelle mir vor, welches Ergebnis ich erzielen möchte. Innere Bilder sind auch hier extrem wichtig.
- Nun wende ich auf eine Volte ab oder verkleinere den Zirkel. Ich treibe mit dem Inneren Schenkel weiterhin an den äußeren Halsring heran und lasse den Halsring außen weiterhin näher Richtung Kopf anliegen.
- Kommt der Pferdekopf zu hoch, reagiere ich mit einem Impuls, indem ich den Halsring kurz zu mir ziehe und direkt wieder löse. Dadaurch lässt mein Pferd den Kopf wieder vermehrt fallen, und ich kann erneut die Stellung und Biegung überprüfen und erarbeiten. Am besten geht dies auf vielen kleinen Zirkeln oder Volten.
- Von Pferd zu Pferd ist es auch unterschiedlich, welche Gangart dafür bevorzugt wird. Testet es aus und ganz wichtig: Lasst euer Gefühl mitreiten! Es gibt keine exakte Anleitung dafür. Jedes Pferd hat auch hier seine Stärken und Schwächen.

FREIHEIT IM GELÄNDE

In unserem Gelände am Haus macht es uns allen Spaß, einfach frei zu sein. Voraussetzung ist, dass wir die Pferde aus jeder Situation anhalten. Bitte macht dies nur im umschlossenen Raum!

VERRÜCKT UND UNGEWÖHNLICH!

Manche bezeichnen es als ungewöhnlich – für mich ist es mittlerweile normal. Zum Sprung hin darf Valoo sich aufrichten und das Hindernis fokussieren.

1

2

SPASS UND ERFOLG

Im Nachhinein wird mir durch die Tagebucheinträge klar, dass sich die Bodenarbeit und das freie Reiten immer mehr in meinem Training etablierte. Einige Jahre zuvor hätte ich wahrscheinlich viel mehr über die reiterlichen Erfolge und den Bewegungsablauf des Pferdes geschrieben. Auch wenn ich jedes Turnier mit einem Tagebuchbericht abschloss, zählten für mich zwischen den Turnieren der Spaß und die Abwechslung viel mehr als das „stumpfe" Training. Das Ziel, Valoo weiter auszubilden und auch erfolgreich zu werden, hatte ich natürlich immer noch – und das hält sich auch bis heute.
Wir konnten im August 2015 unseren ersten Turniersieg holen! Und einen Tag nach dem Turnier kamen dann aber schon wieder ganz andere Dinge in den Fokus. Ich versuchte, meine neuen Erkenntnisse zu ordnen, auf andere Pferde zu übertragen und weiterhin offen für alles Neue und manchmal auch für etwas Verrücktes und Ungewöhnliches zu bleiben.

TAGES- UND WOCHEN-PROGRAMME

In Interviews werde ich oft nach meinem Wochenplan für meine Pferde gefragt. Dazu muss ich sagen, dass ich diesen nicht habe. Na ja, gar keinen Plan wäre falsch, aber einen strikten Ablauf gibt es in meinem Pferdetraining nicht.

- Jedes Pferd wird abhängig davon trainiert, welche Turniere, Shows oder Veranstaltungen anstehen und wo die jeweiligen Schwächen und Stärken liegen. Das bedeutet für mich, dass ich in den Kalender eintrage, wann Valoo zum Beispiel einen Showtermin hat, der für mich immer an erster Stelle steht.
- Je nachdem, wann die Showtermine liegen, plane ich Turnierbesuche an freien Wochenenden ein. Wenn es geht, dann nenne ich gleich alle Pferde, die bei mir im Training sind.
- Natürlich checke ich, welche Pferde in welchen Prüfungen gehen sollen und achte darauf, sie nicht mit zu

1 Haltet den Halsring wie normale Zügel.

2 Für einen höheren Punkt darf die Hand kurz nach vorne genommen werden.

Kuscheln mit Valoo geht immer!

vielen Terminen zu überfordern. Mit diesem groben Plan ist schon mal die halbe Miete getan.

- Fürs Training prüfe ich, was als Nächstes ansteht und konzentriere mich somit schwerpunktmäßig auf die nächste Zielsetzung – neben den Schwächen, die ich bei jedem Pferd stetig bemüht bin zu verbessern.
- Steht kein Termin an, gilt es, für jedes Pferd ein abwechslungsreiches Training zu gestalten und auch Pausen mit einzubauen. Dabei bringt es natürlich nichts, von 100 auf 0 runterzufahren. Lediglich wenn ein Pferd krank oder verletzt ist, bekommt es natürlich je nach Zustand eine komplette Pause.
- Valoo beschäftige ich gerne mit kleinen Ausritten und anschließendem Hinlegen und Kuscheln auf der Wiese.
- An den Wochentagen steht für Valoo das Dressurtraining an erster Stelle. Das bedeutet aber nicht, dass er in einer Dressureinheit 45 Minuten am Stück Lektionen gehen soll. Am Ende von fast jeder Einheit kommt die Trense ab, und wir reiten entweder noch einmal gezielt ein paar Übungen oder entspannen einfach noch bei einer kleinen Runde durch den Wald oder auf dem Platz.
- Beim Springtraining achte ich darauf, dass ich nicht mehrere Tage hintereinander Springtraining mache. Steht ein Springturnier an, versuche ich natürlich, vermehrt daran zu arbeiten – aber auch dabei gilt: Ich reite sowohl mit als auch ohne Trense.
- Da ich so oft ohne Trense reite, lege ich dafür keine extra Einheiten an. Meistens lasse ich in der Lösungsphase die Trense dran und nehme sie erst danach ab.
- Selbstverständlich gibt es aber auch Tage, an denen ich mich einfach so aufs Pferd schwinge und durch das Gelände reite.
- Wie ihr merkt, habe ich keinen festen Plan. Eine Dressurstunde pro Woche bei meinem Trainer und ab und zu Spring- oder Geländetraining auf auswärtigen Plätzen stehen aber fest im Programmplan.

MEIN TAGEBUCH

07. August 2015

TURNIERBERICHT Es ist unfassbar! Ich bin sooo happy! Valoo und ich sind soeben in der Eignungsprüfung gestartet. Das Wetter hat es zugelassen. Er lief sowohl in der Dressur als auch im Springen einfach klasse. Die Richter gaben uns eine 8,5, und somit konnten wir diese Prüfung gewinnen!!! Danke, Valoo ... ich bin so unglaublich stolz auf dich!

08. August 2015

Nach dem erfolgreichen Turniertag gestern durfte Valoo heute locker ohne Trense laufen, und ich habe mit ihm Bodenarbeit gemacht. Zurzeit sind wir dabei, ihm das Kompliment beizubringen. Humphrey hat Valoo gezeigt, wie es aussehen soll. Spontan wie ich bin, habe ich mich beim Kompliment falschherum auf seinen Rücken gesetzt. Es funktionierte erstaunlicherweise echt gut!

Zum Schluss bin ich neben Valoo über die Wiese gelaufen und habe auch den einen oder anderen Sprung mitgenommen. Er ist brav neben mir mitgesprungen, bis er dann plötzlich losgaloppierte und zum Stall rannte! Ich werde das Ganze noch verfeinern und mir neue Ideen ausdenken.

Wirklich erstaunlich ist aber auch ein anderes Pferd, das ich reite: Labadu. Der Wallach ist 16 Jahre alt und wurde vor allem vor die Kutsche gespannt und nicht geritten. Als Grund nannte man uns, dass er beim Reiten anscheinend etwas „bekloppt" reagierte und nur rennen würde. Ob das stimmte, wollte ich ausprobieren, und ritt ihn mit Halsring. Ich war gespannt. Unglaublich, aber wahr – ich konnte dieses Pferd mit Halsring ganz entspannt reiten. Ich werde langsam kleine Schritte mit Labadu machen und ihm wieder Vertrauen schenken! Ich schaue mal, wie er sich weiterentwickelt. Das nur mal so am Rande.

RUFEN STEP BY STEP

Um mein Pferd später aus der Entfernung rufen zu können, beginne ich mit kleinen Schritten. Erwartet nicht, dass das Pferd direkt zu euch kommt. Es dauert meistens, bis das Pferd versteht, was ihr wollt und bis es auch die Energie aufbringt, um später im Galopp zu euch zu kommen. Bleibt geduldig und startet zunächst mit kleinen Abständen, bevor ihr euch weiter vom Pferd entfernt. Sobald das Pferd verstanden hat, was es machen soll, wird es Spaß an der Übung finden. Eure Aufgabe ist es nun, vielmehr das Pferd stehen zu lassen, bis der entscheidende Ruf kommt.

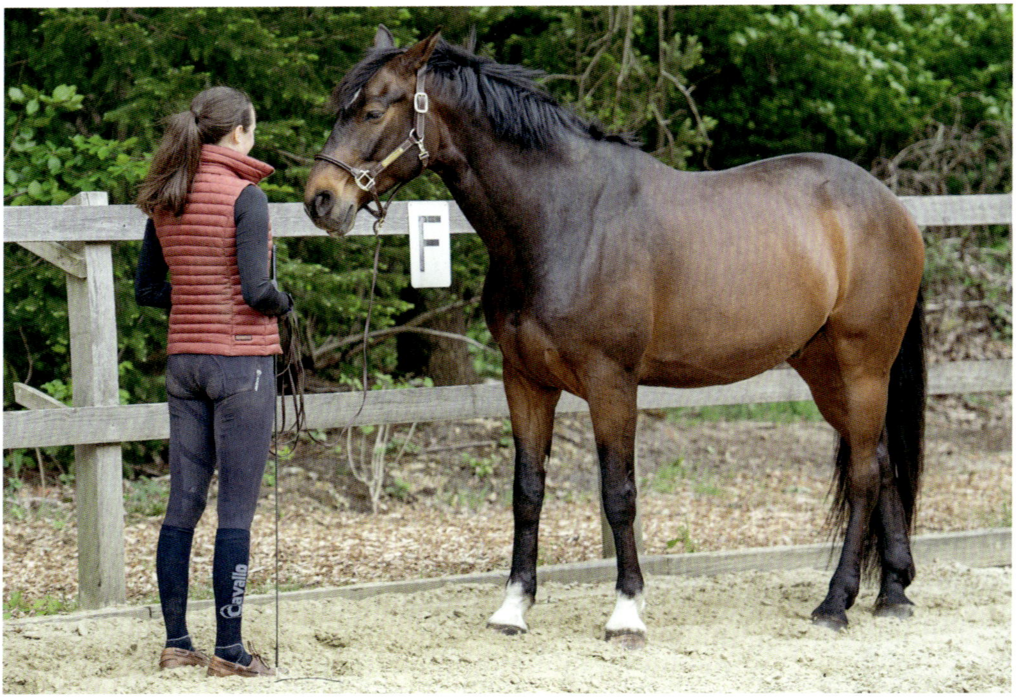

1.

Zunächst stelle ich mich mit dem Pferd an die Bande oder an den Zaun. Ich habe ein langes Seil am Halfter und lasse das Pferd vor mir stehen. Atmet tief durch und fordert vom Pferd nur, dass es entspannt vor euch stehen bleibt.

2.

Ich sage mein „Steh"-Kommando und entferne mich einen Schritt. Bleibt das Pferd stehen, so lobe ich es und gehe zurück. Kommt das Pferd mir nach, schicke ich es ruhig zurück und starte erneut. Beim Weggehen baue ich Körperspannung auf und bleibe aufrecht im Körper. Die Gerte lasse ich nach oben zeigen und halte anfangs Blickkontakt zu meinem Pferd.

3.

Klappt die Vorübung, kann ich das Pferd auf kurze Distanz das erste Mal zu mir rufen. Dazu kippe ich die Gerte nach unten, mache mich etwas kleiner und spreche mein Ruf-Kommando. Ihr könnt auch einen Pfiff oder andere Geräusche verwenden. Reagiert das Pferd nicht, so gehe ich langsam zurück, gebe leichten Zug am Seil und touchiere mit der langen Gerte vorsichtig die Hinterhand des Pferdes. Sobald das Pferd auf euch zugeht, hebt ihr zum Stoppen die Gertenspitze nach oben und haltet das Pferd auf Abstand.

4.

Wollt ihr später, dass die Pferde die Übung mit viel Elan ausführen, dann ist es wichtig, dass sie exakt vor euch stoppen und euch nicht schupsen oder gar überrennen. Bitte legt deshalb von Anfang an viel Wert darauf, dass das Pferd direkt vor euch anhält: kein Ausweichen nach innen oder außen und auch kein Anstupsen mit dem Kopf. Nach außen habt ihr die Bande als Begrenzung, und nach innen ist es die lange Gerte.

5.

Klappt es gut, vergrößert ihr den Abstand, lauft rückwärts, sodass das Pferd auch auf euch zutrabt und später zu euch galoppiert. Übt im freien Raum des umzäunten Reitplatzes und entfernt zu guter Letzt den Strick.

6.
Wenn das Rufen gut klappt, dann vergrößert die Entfernung und lasst euer Pferd erst auf euer Kommando hin kommen. Geht es vorher einen Schritt auf euch zu, nehmt euch die Zeit und korrigiert dies durch einen Schritt rückwärts. Das Pferd sollte immer aufmerksam sein und die Ohren spitzen.

LEHRGÄNGE

Ich besuchte mit Valoo viele Lehrgänge und wollte mich von den verschiedensten Trainern inspirieren lassen. Ich war noch nie der Typ, der sich nur auf eine Sache konzentrierte und nur einen möglichen Weg einschlug. Ich wollte mir selbst etwas aufbauen – angestupst von lieben Menschen, die selbst ihren Weg gefunden hatten. Ideen, die zu uns passten, übernahm ich und kombinierte sie mit Aufgaben, die aus einer ganz anderen Richtung kamen. Am Anfang war ich manchmal unsicher, da es oft auch Rückschläge gab und ich auch manche Fehler machte. Aber meine Neugierde überwog und weckte meinen Tatendrang, auch weniger ausgetretene Pfade einzuschlagen. Vor allem auf den Turnieren ging es mir immer weniger um die Note oder die Platzierung. Ich versuchte, mein eigenes Gefühl und mein Ziel im Fokus zu behalten und dementsprechend zufrieden oder nicht so ganz zufrieden zu sein.

Valoo gab mir das Vertrauen zurück. Ich fragte mich oft: „Was ist Vertrauen eigentlich?" Ist es Vertrauen, wenn Valoo mir auf ein Kommando hin prompt folgt? Ich glaube heute, dass es vor allem darum ging, dass ich durch Valoo mein Vertrauen zurückgewann. Mit ihm gemeinsam hatte ich endlich wieder unendlich viel Spaß und Freude. Und das wirkte sich auch auf die anderen Pferde aus.

Mein Weg schließt den Turniersport gar nicht aus und bietet dennoch Freiraum für Kreativität und Neues. Am Anfang waren es viele kleine Minischritte, dir mir unendlich viel bedeuteten! Es schleicht sich ein Lächeln auf meine Lippen, wenn ich meine Tagebucheinträge von damals lese.

OHNE ZIEL UND MIT GEFÜHL

Ihr merkt, dass ich mein Training mit ganz vielen Aufgaben erweitert habe, die unbewusst und ohne richtige Zielvorstellung entstanden sind. Ich ließ mich von meinem Gefühl leiten. Ganz in dem Sinne: „Einfach machen". Das sagte auch mein Trainer damals häufig zu mir. Im September schrieb ich das erste Mal auf, was ich über den Turniersport dachte. Ich machte mir viele Gedanken darüber. Dass ich selbst einen etwas anderen Weg neben dem Turniersport gehen wollte, war mir mittlerweile klar. Und ich schrieb es das erste Mal ins Tagebuch.

PARTNERSCHAFT

Versucht die Pferde zu verstehen und mit ihnen zu arbeiten, nicht gegen sie. Meiner Meinung nach stehen wir mit den Pferden mindestens auf einer Stufe und nicht über ihnen. Sie sind diejenigen, die uns das Reiten ermöglichen und uns auf ihren Rücken lassen. Wir sollten viel mehr Dankbarkeit zeigen und nicht ständig sauer sein, wenn mal nicht alles nach „Plan" läuft ... es sind eben keine Sportgeräte, sondern unsere Partner.

MEIN TAGEBUCH

27. August 2015

Ich liebe ihn! Valoo und ich waren heute in der Reithalle. Wir haben Dressur- und Bodenarbeit gemacht. Nachdem ich die ersten Minuten „normal" mit Sattel und Trense geritten bin, habe ich die freie Halle für freies Training genutzt. Die Trense war ab und wir konnten loslegen. Zuerst arbeiteten wir an den Wendungen. Dazu habe ich die Gerte in beide Hände genommen und über meinem Kopf mit gestreckten Armen gehalten. Um ihn zu lenken, verlagerte ich mein Gewicht zur entsprechenden Seite. Gleichzeitig übte ich damit mein Gleichgewicht und variierte die Gertenhaltung auf beiden Seiten. Danach gab es dann noch ein ausgiebiges Training für Übergänge mit Stimm- und Gewichtshilfen. Es klappte erstaunlich gut, auch das Halten aus dem Trab! Deswegen nahm ich auch die Übergänge Schritt-Galopp mit dazu. Danach folgte noch das Rückwärtsrichten, das zunächst gar nicht so einfach ohne Halsring war. Aber nach ein paar Versuchen klappte auch das schon recht gut! Auch das ist eine gute Übung, da sich Valoo gerne von anderen Pferden ablenken lässt. Zum Schluss bin ich ihn dann noch ohne Sattel falschherum geritten und habe ihn kurz am Boden gearbeitet. Gestern hatte ich das Kompliment weiter geübt und dabei deutliche Fortschritte feststellen können. Das Schönste für mich war heute, dass er mir auch während des Reitens immer wieder ein tolles Gefühl gab, indem er abschnaubte und auch ohne Trense oft anfing zu kauen. Es sind häufig die kleinen Zeichen, die das Training zu einem besonderen und schönen Moment machen. Danke Valoo – für dein Vertrauen und deine Zuneigung!

06. September 2015

Wir haben heute am Boden gearbeitet und einen schönen Spaziergang gemacht. Beim Spaziergang lief Valoo wie ein Hund ohne Halfter oder Halsring neben mir her. Im Schritt und Trab machten wir eine schöne Runde. An einer Stelle gab es eine große Pfütze, durch die Valoo zuerst nicht durchgehen wollte. Doch auch ohne Trense schaffte ich es, ihn mit seinen „normalen" Kommandos zu überzeugen. Irgendwie ist dies immer noch eine erstaunliche Erfahrung, dass ein Tier, so groß und stark, mir vertraut und ohne großen Druck oder sonstige Hilfsmittel schwierige Aufgabe erledigt.

Ich muss Valoo nur Zeit lassen und geduldige sein. Zu Hause angekommen arbeiten wir weiter am Kompliment. Valoo blieb schon ein paar Sekunden unten und reagierte auf die Gerte am Bein. Danach setzte ich Guinness (unseren Hund) auf Valoo und wir alberten etwas herum. Spaß gehört nun mal dazu! Leider erlebte ich heute beim Zuschauen auf einem Turnier, wie schlecht manche Leute mit ihren Pferden umgehen. Beim E-Springen und im Springreiterwettbewerb gab es Situationen, die mit dem gesunden Menschenverstand wenig zu tun hatten. Egal, ob die Reiter selbst oder ihre Eltern! Ich finde es wirklich traurig, wie ehrgeizig unser Sport geworden ist. Bestimmt ist dies nicht überall der Fall, und es dürfen sich auch längst nicht alle angesprochen fühlen … Doch selbst die Jüngeren haben oft schon so viel Ehrgeiz. Wo bleibt denn da der Spaß? Ich meine, wozu machen wir den Turniersport eigentlich?! Natürlich freut man sich, wenn man gewinnt, platziert ist oder eine Qualifikation schafft! Doch ist es nicht die Bindung zwischen uns – Mensch und Tier –, die im Vordergrund stehen sollte? Ist es nicht das ganz persönliche Gefühl und der Stolz auf das eigene Pferd oder Pony, das viel mehr zählt als eine einzige Note? Ich sehe den Fortschritt meines Pferdes und nicht, wie viele Leute besser oder schlechter platziert waren als ich! Ich hoffe, dass sich der Turniersport nicht noch weiter so entwickelt und noch mehr Leute anfangen, umzudenken. Die das Pferd als Freund und Partner sehen und nicht als Sportgerät oder Maschine, denn mit einem Partner macht alles doch viel mehr Spaß!

AGILITY UND VIELSEITIGKEIT

In der nächsten Zeit testete ich mit Valoo verschiedenste Ideen aus. So lernte Valoo eine Matratze als eine Art „Kutsche" hinter sich herzuziehen, und ich fuhr zu einer guten Freundin auf den Pferde-Agility-Platz. Ich fing an, „über den Dingen zu stehen" und störte mich nicht mehr an komischen Kommentaren, die via Facebook und Instagram zu mir kamen.

Wir absolvierten neben unseren „Spielereien" weiteres Geländetraining, unter anderem bei Jochen Keuter und Bettina Hoy. Wir fuhren nach Vechta, Warendorf oder auf andere Geländeplätze. Ein paar Turniere standen noch an, und auch dort konnte Valoo sich noch einige Siege und Platzierungen holen.

Ein Highlight war der Vielseitigkeitslehrgang bei Peer Ahnert in Luhmühlen. Da ich mich gerade in der Marathonvorbereitung für die Deutschen Meisterschaften in Frankfurt befand, durfte mein Lauftraining zwischen den Trainingseinheiten mit Valoo nicht zu kurz kommen. Ich entdeckte beim Laufen die wirklich schöne Umgebung von Luhmühlen. Meine Eltern begleiteten mich dabei mit dem Fahrrad.

1 Guinnes hilft mir dabei, Valoo matratzenfest zu machen.

2 Auf einem Trailparcours findet man so einige Dinge, mit denen man trainieren kann.

1

2

Unser erstes Springseil – da wusste ich noch nicht, was daraus mal werden würde!

In diesem Jahr stand unsere erste kleine Show bei der Weihnachtsfeier unseres Vereins an. Schon Wochen vorher machten wir uns Gedanken darüber, was wir zeigen könnten. Matthes und ich wollten zusammen ein Showbild aufführen und dabei das freie Reiten und die Bodenarbeit zeigen.
Matthes stand plötzlich auf dem Reitplatz mit zwei Besenstielen und einem Strohband und meinte, ich könne doch Seilspringen im Galopp. Nachdem ich ihn kurz für bekloppt erklärt hatte – das kam des Öfteren vor unter uns Geschwistern – versuchte ich die Sache wirklich ernst zu nehmen. Ich zeigte Valoo das selbst gebastelte Seil, legte es auf den Boden und ritt zunächst im Schritt und Trab darüber. Am nächsten Tag fing ich schon an, das Seil im Schritt und Trab zu schwingen und Valoo drüberlaufen zu lassen. Er guckte zwar ziemlich, ließ sich aber auf das Spielchen ein.

SPANISCHER SCHRITT STEP BY STEP

Spanischer Schritt ist eine tolle Übung, die dir und deinem Pferd viel Spaß machen wird. Achte dabei aber immer darauf, dass der Viertakt erhalten bleibt. Der Viertakt steht vor der Höhe der ausführenden Bewegung.

1.
Auch der Spanische Schritt bekommt ein eigenes Stimmsignal. Ich mache ein anderes Geräusch mit dem Mund, indem ich meine Zunge gegen den Gaumen drücke und wieder wegziehe.

2.
Ich tippe Valoo oberhalb des Vorderfußwurzelgelenkes mit der Gerte ganz leicht an und lobe sofort, sobald er eine kleine Beinbewegung zeigt.

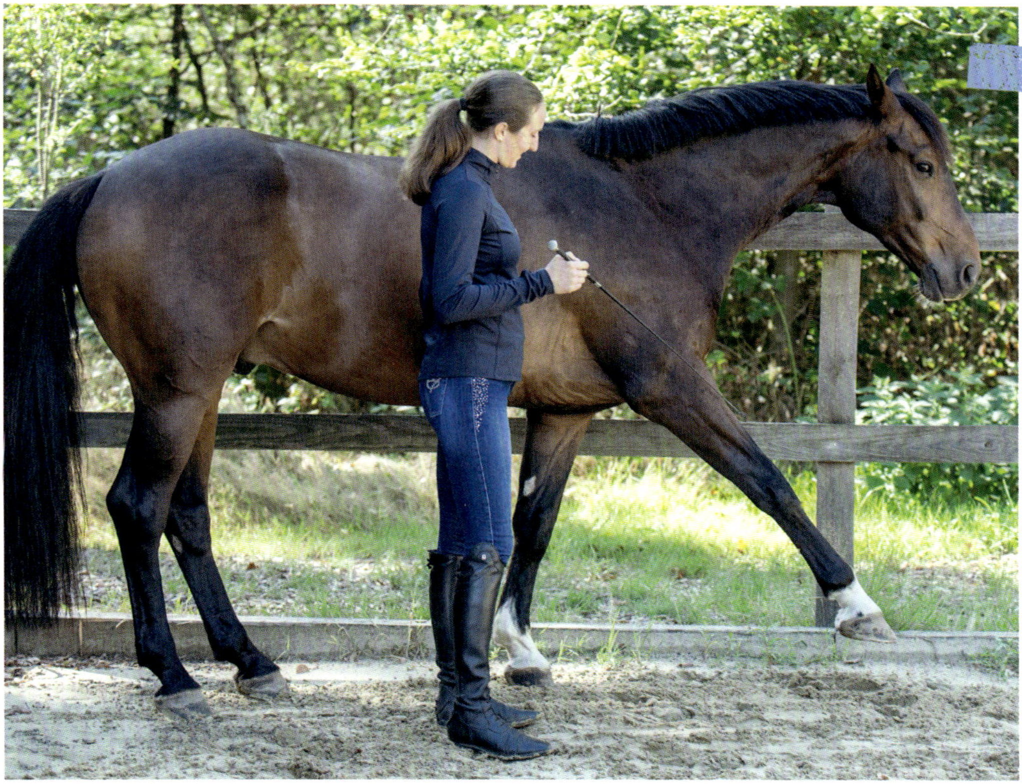

3.
Valoo weiß, was ich von ihm möchte, er streckt sein Bein weit nach vorne. Fast alle Pferde verstehen nach relativ kurzer Zeit, was sie tun sollen.

4.
Hebt das Pferd das Bein nicht, so unterstütze ich die Übung mit einem „Naaa“.

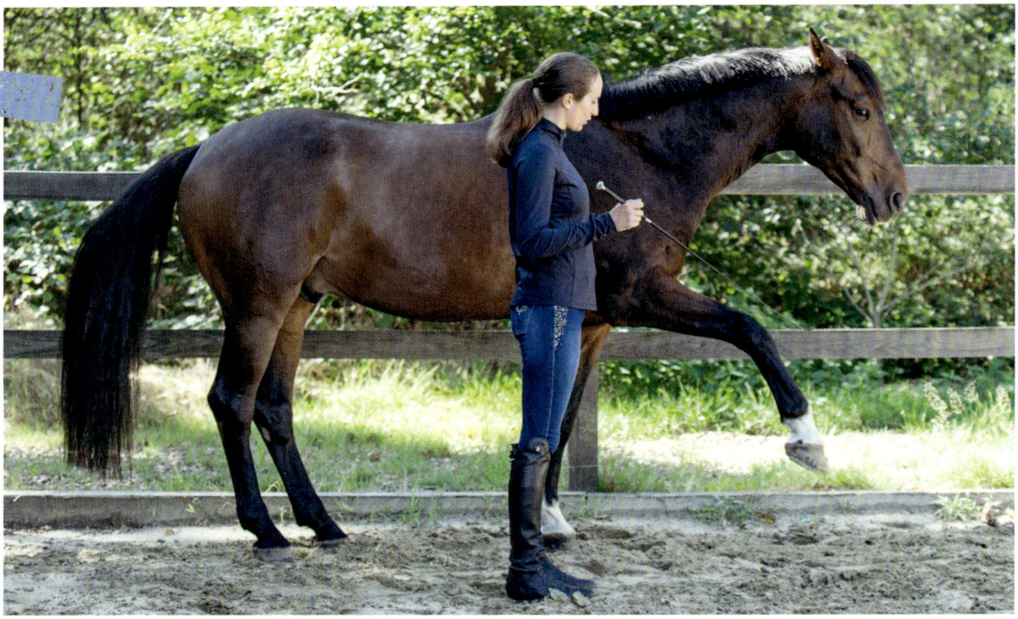

5.
Ich gehe an der Bande entlang und frage alle paar Schritte mit einer Berührung der Gerte am inneren Vorderbein ein verstärktes Heben des Beines ab.

6.
Das gleiche Signal gebe ich dann auch am äußeren Bein. Sehr schön so, Valoo!

7.
Erst wenn das Pferd sicher alle paar Schritte das Bein stärker anhebt, frage ich jeden Schritt ab und übe es auch mit dem anderen Bein.

8.
Ich achte darauf, die Reizübermittlung anzupassen und die Gerte nicht zu oft einzusetzen.

Cavallo

»Wir sollten uns gegenseitig unterstützen, Tipps geben und Verbesserungsvorschläge annehmen. Jeder hat seine Stärken und Schwächen. Im Austausch können wir die Schwächen verkleinern und die Stärken wachsen lassen.«

Lisa Röckener

Frei durchs Gelände – mit entsprechender Sicherheitsausrüstung – das schönste Glücksgefühl, das es gibt!

LEIDENSCHAFT FÜR VIELSEITIGKEIT

Die Vielseitigkeit ... In meiner Ponyzeit durfte ich die ersten Geländeprüfungen reiten. Aber so richtig in den Fingern juckte es mich mit dem Umstieg aufs Großpferd. Ich konnte mich noch nie wirklich auf eine Disziplin beschränken.
Als ich in das Alter kam, in dem ich auf ein Großpferd umsteigen musste – vor allem auch wegen meiner Größe – fragte meine Mama: „Lisa, du musst dich bald entscheiden. Entweder wir halten Ausschau nach einem Spring- oder nach einem Dressurpferd."
Ich überlegte lange hin und her und mochte mich auf keine der beiden Disziplinen festlegen.
Als wir durch Zufall dann Humphrey kennenlernten, kam es ganz gelegen, dass er von der Abstammung her Talent für die Vielseitigkeit mitbrachte. Demnach war ich nicht an eine Disziplin gebunden und konnte es mir immer noch offenhalten. Dass ich bis heute in beiden Disziplinen unterwegs sein würde, konnte ich damals ja nicht ahnen. Ich dachte, dass ich mich entscheiden müsste – vor allem, wenn ich schwerere Prüfungen reiten wollte.
Die Vielseitigkeit schien mir genau das zu sein, was ich immer wollte.
Die Mischung aus Dressur und Springen, gepaart mit einem fantastischen Adrenalinkick im Gelände. Ich fand schnell Gefallen an den Geländehindernissen. Dadurch, dass ich mit Humphrey hineinwachsen konnte, war es für mich wie ein neuer Weg, den ich mit meinem besten Kumpel erproben konnte. Manches Mal ärgerte ich mich sogar, dass ich nicht schon in meiner Ponyreiterzeit mehr im Busch unterwegs gewesen war.

MEIN TAGEBUCH

24. Oktober 2015

Bevor wir zum Marathon nach Frankfurt fuhren, wurde das Pferd trainiert. Valoo kann jetzt Seilspringen – im Schritt, Trab und Galopp. Für den Auftritt planen wir eventuell noch etwas mit Feuer… fünf Wochen haben wir noch! Heute sind wir zudem auch noch einmal einen Parcours ohne Trense gesprungen. Nicht sehr hoch, aber einige schöne Linien waren dabei. Es macht wirklich Spaß zu sehen, wie er sich entwickelt!

27. Oktober 2015

Heute haben wir mit Mrs Bifi, Chapy und Valoo weiter an unserer Show geübt. Auch das Podest kam zum Einsatz für neue Ideen: Valoo stieg mit den Vorderbeinen drauf, und ich rutschte auf seinem Rücken und Po hinunter.

03. November 2015

Feuer, Tücher und Sprünge! Heute ging es zur späten Stunde noch in die Halle, um für die Show am 1. Advent zu üben. Valoo und Chapy waren recht gut drauf. Die Feuernummer scheint beiden aber noch etwas Angst zu machen! Aber wir bleiben dran und werden daran üben. Valoo sprang heute über Tische, Stühle und „wackelnde“ Oxer! Ines und Matthes haben als Oxerstange die blaue Schaumstoffstange genommen und gehalten. Zum Schluss bin ich mit Valoo noch mit dem Tuch gesprungen und auch mit dem Seil in den Händen.

15. November 2015

Ein Jahr ist es nun her. Der Tag, der mein Leben schlagartig veränderte! Vite Valoo kam zu uns. Voller Vorfreude saß ich am 15.11.2014 im Auto und habe auf den Moment gewartet, dich endlich mit nach Hause nehmen zu können. Es war einfach wunderbar und so aufregend. Ein Jahr ist eigentlich eine lange Zeit. Doch für mich verging sie wie im Flug! Ich bin so unendlich stolz auf dich. Als du zu mir kamst, kanntest du noch nicht viel. Lediglich einen Reiter auf deinem Rücken warst du gewohnt und konntest die Grundgangarten mehr oder weniger sicher laufen. Doch wie fast jedes Pferd mit drei Jahren standest du oft hilflos in der Halle und wusstest nicht recht, was du mit meinen Hilfen anfangen solltest. Ich habe gewusst, dass ein langer Weg vor uns liegt. Doch ich war bereit. Und es hat sich gelohnt. Ich bereue keinen der 365 Tage. Ich möchte viel lieber alles noch einmal Revue passieren lassen und an die schönen und spannenden Momente denken. Wir haben in diesem einen Jahr so unendlich viel erlebt. Von den ersten Galoppversuchen, die länger als eine Runde werden sollten, und die ersten Springversuche. Die erste Plane, die wir zusammen überquerten und den ersten Regenschirm, der über deinem Kopf aufgespannt wurde. Die erste Begegnung mit hupenden Rollern, Kühen und flatternden Tüchern und den ersten Versuchen, ohne Trense und Sattel zu reiten. Es ging alles so schnell vorbei. Doch du hast mir gezeigt, dass mit dem richtigen Vertrauen und mit viel Geduld vieles möglich ist. Nicht nur du hast viel gelernt, sondern du warst auch ein Lehrer für mich! Wir haben beide so viel gemeistert und uns als Team bewiesen. Die ersten Turniere von der Reitpferdeprüfung, Eignungen und Dressurpferde- und Sprinpferde-Prüfungen bis hin zu unserem ersten gemeinsamen Geländepferde-Turnier. Ich bin so stolz auf dich! Ich hoffe, dass wir beide noch viele schöne Momente erleben und ein starkes Team bleiben werden!

GOLDENER HERBST!

Um schöne Fotos zu bekommen, muss man sich manchmal wirklich viel einfallen lassen. Der Herbst jedoch bietet tolles Licht und ein außergewöhnliches Ambiente, das zum Träumen einlädt.

SCHRECKHINDERNISSE

Neben den Basics beginne ich früh auch mit Planen und anderen Gruselgeräten zu arbeiten, um den Pferden zu zeigen, dass all diese Dinge gar nicht schlimm sind. Ich möchte den Pferden mehr Selbstvertrauen und Sicherheit geben.

- Eines der Materialien, das fast jeder zu Hause hat oder sich günstig kaufen kann, sind Planen aus Kunststoff. Auch Matratzen, Regenschirme oder große Bälle lassen sich recht gut besorgen.
- Wenn ich Pferden – egal, ob jung oder alt – die Plane zeige, dann lasse ich sie meistens erstmal an diesen Sachen vorbeigehen.
- Für mich existiert die Plane gar nicht. Ich beachte das Objekt nicht und arbeite ganz normal mit meinem Pferd in der Nähe des Objekts. Irgendwann stelle ich das Pferd vor die Plane und lasse es einfach stehen. Ganz nach dem Motto: Gucken ist erlaubt, abhauen nicht! Beschnuppern ist auch erlaubt. Das Pferd sollte nur nicht weglaufen.
- Bei ängstlichen Pferden reicht auch das Begucken aus weiter Entfernung. Dann arbeite ich mich langsam an das Objekt heran. Eine genaue „Anleitung" ist dabei schwierig zu vermitteln, da jedes Pferd ganz unterschiedlich darauf reagiert.
- Wichtig ist nur, dass ich dem Pferd Sicherheit vermittle und selber entspannt bin. Tiefes Durchatmen und hängende Schultern können dabei helfen. Das Wichtigste ist aber: Geduld! Wenn das Pferd vor der Plane steht, bin ich nicht auf der Plane und versuche auch nicht, das Pferd auf die Plane ziehen zu wollen.
- Das schönste Ergebnis ist für mich, wenn die Pferde aus eigenem Impuls heraus den ersten Schritt wagen und auf die Plane treten. Egal, was danach passiert. Das ist ein großes Lob wert. Ich animiere sie aber schon mit meinem Kommando zum Losgehen.
- Ich sage ihnen, dass sie es schaffen und dass sich unter der Plane nichts Schlimmes verbirgt. Dies klappt besser, je mehr man vorher schon mit dem Pferd regulär gearbeitet hat und je mehr das Pferd einem vertraut.
- Wenn die Pferde selber den ersten Schritt schaffen, wächst das Selbstvertrauen stärker, als wenn ich es ihnen vormache. Aber auch bei dieser Übung gilt: Jedes Pferd ist anders. Testet es aus und habt Geduld!

Schrecktraining in der Halle war nach dem Training Standard.

DIE ERSTE KLEINE SHOW

Kurz nach unserem ersten Jahrestag ging es in unsere erste Show. Eine kleine Vorführung zum Weihnachtsmarkt und Weihnachtsreiten in unserem Verein. Vor einem Jahr wäre ich vielleicht eine Dressur- oder Spring-Quadrille geritten, aber sicher keine Freiheitsdressur. Die ganze Familie war dabei und eine gute Freundin – Ines – machte auch noch mit. Mann, was hatten wir für einen Spaß! Dass ich damit mal Geld verdienen würde, hätte ich mir zu diesem Zeitpunkt gar nicht träumen lassen. Ich genoss es einfach total und freute mich über dieses coole Projekt.

VALOOS BRUDER

Kurz nach diesem tollen Ereignis kam der nächste Höhepunkt. Eines unserer Pferde wechselte in den Stall meiner großen Schwester Janka. Dementsprechend suchte Papa ein Freizeitpferd für sich. Da wir den guten Kontakt zu Valoos Züchter hatten, wussten wir ja auch, dass Valoo noch einen um ein Jahr jüngeren Halbbruder hatte. Einen Besuch und einige Familienbesprechungen später entschlossen wir uns, dieses Pferd auch zu uns zu holen. Am 6. Dezember 2015 war es so weit und Voody Wood – Spitzname Voody – zog bei uns ein. Zwei Tage später folgte mein erster Tagebuchbericht.
Nachdem ich mit Valoo schon ein tolles Jahr erlebt hatte, war ich Feuer und Flamme für die Bodenarbeit. Somit war für mich klar, dass ich Voody von Anfang an auch am Boden ausbilden und arbeiten würde. Papa überließ mir die erste Ausbildung des Kleinen, und somit kam er zunächst in meine Obhut. Es gab auch mit Voody Höhepunkte und einige Rückschritte, die ich im Tagebuch dokumentiert habe.

Valoo und Voody sind Vollgeschwister und haben somit dieselben Eltern.

MEIN TAGEBUCH

29. November 2015

„Familie on Tour". Ich bin sooo happy! Valoo und ich hatten unsere erste Show vor Publikum. Es war der Hammer! Ich kann nicht glauben, dass dieses Pferd erst vier Jahre alt ist und ohne Trense so cool vor Publikum bleibt! Es war ein so schönes Gefühl! Natürlich ist nicht alles 100%ig gut gelaufen. Aber hey, er ist erst vier und das erste Mal „on Tour" gewesen … Lediglich am Vormittag wollte er zunächst nicht über den Tisch springen, und am Abend hat sich das Springseil einmal kurz verheddert! Ansonsten lief es einfach bombenmäßig. Die gute Resonanz zeigt, dass sich die Arbeit gelohnt hat und weitere Anfragen motivieren uns, fleißig weiterzutrainieren. Sehr wertvoll und schön war, dass Valoos Züchter dabei war und sich den Auftritt gemeinsam mit seiner Frau angeschaut hat! Ernst hatte Tränen in den Augen und durfte einfach nur stolz auf seinen Kleinen sein. Auch einige andere unerwartete Besucher versüßten uns den Tag. Danke an alle!

08. Dezember 2015

Voody hatte heute seine erste Trainingsstunde. Wir sind auf den Platz gegangen und anschließend eine Runde durchs Gelände getapert. Es war echt cool! Vor allem kam es mir so vor, als ob ich auf Valoo gesessen hätte, als er drei Jahre alt war. Die beiden haben einiges gemeinsam. Unter anderem auch, dass sie frech im Umgang sind. Voody ist sehr abgelenkt und huscht beim Auftrensen auch mal durch die Stallgasse. Auch beim Führen ist er nicht ganz bei der Sache! Aber genau deswegen fangen wir nun auch mit ihm mit der Bodenarbeit an. Wir werden mit ihm fleißig und behutsam trainieren. Valoo ist heute auf den Anhänger gegangen, während ich draufsaß. Es klappte auf Anhieb und machte total Spaß! Nur das Drehen im Anhänger wurde etwas eng. Danach ging es ab aufs Feld.

18. Dezember 2015

Heute morgen ging es das erste Mal mit Voody zum Dressurtraining. Mein Trainer mag ihn sehr und begutachtete die drei Grundgangarten. Heute haben wir nur ganz locker trainiert, um Voody an den neuen Platz und die neuen Pferde zu gewöhnen. Er verhielt sich wirklich spitze. Auch das Ergebnis des Verladetrainings der letzten Tage konnte sich sehen lassen! Voody lief sowohl auf dem Hinweg als auch auf dem Rückweg brav auf den Anhänger. Valoo hingegen hatte heute nicht wirklich viel Lust! Als ich ihn nur mit dem Halsring reinholen wollte, haute er mir zweimal auf der Wiese ab. Also holte ich die Trense und wollte ihn damit rausführen. Aber als ich die Zügel über den Hals warf und ihm das Gebiss ins Maul schieben wollte, drehte er sich um, riss mir die Trense aus der Hand und galoppierte weg. Natürlich flog die Trense auseinander – und er lief ohne mich zum Stall. Als ich ihm folgen wollte, blieb ich mit meinem Schuh im Matsch stecken und stand einen Schritt später nur mit Socke in einer Pfütze! Nichtsdestotrotz ging ich sofort zu Valoo, holte eine andere Trense und fing mit nassen Füßen mit der Bodenarbeit an. Nach kurzer Zeit hüpfte ich auf Valoo und ritt ihn ohne Sattel. Matthes und ich versuchten heute, das erste Mal über Feuer zu springen. Zuerst hatten beide – Chapy und Valoo – große Angst vor der brennenden Schiene, die auf zwei kleinen Auflagen lag. Doch nach und nach ging es immer besser, bis wir einige Male drüber gekommen sind. Wir werden fleißig weitertrainieren.

20. Dezember 2015

Unglaublich, aber wahr! Der kleine Voody lief heute das erste Mal ohne Sattel und Trense! Nur der Halsring und die Gerte dienten als Hilfsmittel! Ich bin wirklich beeindruckt, dass es so gut geklappt hat. Zuerst drehten wir eine große Schrittrunde ohne Sattel durchs Gelände. Danach kam die Trense auf dem Platz ab, und ich übte nach ein paar Vorübungen Wendungen und Übergänge nur mit dem Halsring. Kurzerhand bin ich noch durch einen Ring gehüpft. Mit gerade einmal drei Jahren ist er heute somit das erste Mal „frei" geritten worden! Einfach ein ganz tolles Gefühl. Zum Abschluss bin ich das erste Mal von seinem Po runtergerutscht und habe ihn danach mit ordentlichen Streicheleinheiten verwöhnt. Am Boden klappt das Angehen und Halten schon super und das Ein- und Ausdrehen (Dreh dich, siehe Seite 74) wird auch immer besser!

MISSVERSTÄNDNISSE

Ihr seht, dass es nicht nur steil nach oben ging, bis wir unsere erste richtig große Show hatten. Oft war ich auch verzweifelt und konnte Valoos Verhalten nicht zuordnen. Ich konnte aber daraus lernen und knüpfte mir so mein eigenes Muster zusammen. Nachdem es bei Valoo damals mit dem Halsringreiten schleichend anfing, durfte Voody gleich ran. Auf dem umzäunten Reitplatz probierte ich es mit ihm aus.

UNTERRICHTEN

Mir machte die Arbeit mit Pferden immer mehr Spaß und ich fing vermehrt an, mein Wissen weiterzugeben. Die ersten Unterrichtsstunden waren eine große Überwindung für mich, aber die Resonanz war so super, dass ich immer sicherer wurde. Mit Voody spielte ich einen ähnlichen Plan durch, wie ich es mit Valoo am Boden gemacht hatte. Durch die Erfahrung, die ich mit Valoo sammeln konnte, ging es mit Voody dementsprechend schon schneller voran. Allerdings schlichen sich auch hier unzählige Fehler ein. Erst nachdem ich wirklich viele Lehrgänge und Unterricht gegeben habe und die Chance hatte, auch mit vielen verschiedenen Pferden zu arbeiten, wurde ich immer sicherer und vieles fiel mir wesentlich leichter.
Ich hatte immer mehr Eckpunkte, aus denen sich ein grobes Trainingsmuster ergab. So langsam ergab sich ein Bild, welches von Pferd zu Pferd aus einem anderen Blickwinkel betrachtet werden musste, um gut auszusehen. Ich fand es spannend, wie unterschiedlich Pferde tickten und was für verschiedene Möglichkeiten ich hatte, um an sie heranzukommen.

Palina durfte 3-jährig die ersten Schritte der Bodenarbeit lernen, bevor sie an die neuen Besitzer gegangen ist.

Latina hat mich eine Zeit lang im Sport begleitet.

MEIN TAGEBUCH

28. Dezember 2015

Heute Morgen ging ich los, um die erste Unterrichtsstunde des Tages zu geben. Nachdem diese super lief, gab es noch eine Einführung in die Bodenarbeit für zwei Mädels zwei Orte weiter. Nette Leute und tolle Pferde!

Zu Hause angekommen, schnappte ich mir Valoo und genoss das gemütliche Wetter während eines kurzen Ausrittes ohne Trense und ohne Sattel. Matthes und ich machten danach noch einen kleinen Wettbewerb im Ringstechen auf dem Platz und alberten dabei wie immer herum. Bevor es später dunkel wurde, begann ich mit Voody an der Longe zu arbeiten. Wir übten heute das erste Mal das Wenden bzw. den Handwechsel im Schritt und tasteten uns vorsichtig an das runde Podest heran! Noch etwas skeptisch, aber trotzdem neugierig, begutachtete Voody die Sache. Das Wenden klappte schon super gut. Gestern bin ich ihn noch ohne Sattel und auch ohne Trense geritten und hatte einen kleinen Sprung mit ihm gemacht. Ich freue mich, dass der Kleine mir immer mehr Vertrauen schenkt und den Willen zeigt weiterzuarbeiten. Nach einer Laufrunde freue ich mich heute am späten Abend noch auf einen 3-jährigen Wallach (Guido), der auch auf seine Arbeit wartet.

PODEST

Für die Arbeit am Podest ist es wichtig, dass ein standsicheres und festes Podest zur Verfügung steht. Sollte das Podest wackeln oder im schlimmsten Fall zusammenbrechen, macht das Pferd schlechte Erfahrungen, die dann meistens erst einmal aufgearbeitet werden müssen. Sobald Pferde das Podest kennen, fällt mir immer auf, dass sie wirklich gern daraufstehen. Meine Pferde stellen sich häufig auch von allein auf das Podest, sobald es auf dem Platz steht – und ich gerade was anderes mache oder hole.

ANDERE PFERDE

Genau: Wie ihr im Tagebuch vom 28. Dezember lesen könnt, bin ich auch andere Pferde geritten. Grey Paulo – liebevoll Guido genannt, habe ich zusammen mit seinem Besitzer eingeritten und dann erfolgreich bis zur Klasse M im Springen auf Turnieren vorgestellt.

Auch mit anderen Pferden startete ich auf Turnieren und trainierte sie über die Woche verteilt. Dabei waren sowohl Dressur- als auch Springpferde und Pferde, die die Bodenarbeit erlernen durften.
Valoo und Voody trainierte ich ganz normal weiter und zum Frühling hin ging es auch für uns wieder raus zum Geländetraining.
Im April 2016 liefen dann die Vorbereitungen für die Show parallel zum normalen Training für die Saison. Für mich gab es diese zwei Richtungen, die ich parallel betreiben wollte.
Valoo zeigte sich in dieser Saison wirklich gut. Wir ritten sowohl Dressur-, Spring- als auch Geländeprüfungen. Ich fing an, mit Papa neue Geländehindernisse zu bauen, um auch zu Hause trainieren zu können. Mit Valoo konnte ich einige Qualifikationen für das Bundeschampionat erringen und bekam eine Einladung, am Cavallo-Cup teilzunehmen.

Grey Paulo im M-Springen – unsere größte „Hürde“: der Wassergraben.

1

1 Walli war immer aufmerksam, sah ab und zu mal Gespenster. Sie lief sehr schön mit dem Halsring.

2 Valoo liebt es, von Kindern betüddelt zu werden – er ist dabei total vorsichtig.

CAVALLO-CUP

Der Cavallo-Cup ist ein Wettbewerb, bei dem fünf Finalisten ihre selbst entwickelte Show auf der Cavallo Academy zeigen können. Ich packte also Valoo ein und präsentierte unser Können in Mönchengladbach. Die Atmosphäre war beeindruckend, und ich kam aus dem Strahlen nicht mehr heraus.

Im Juli 2016 fuhr ich dann zu einem Verein, in dem gerade viele Ferienkinder zu Besuch waren. Ich führte dort einen anderen Showablauf auf und erprobte mich und Valoo vor immer mehr Publikum.

2

Voody auf seinem ersten Turnier, bevor der Sehnenschaden kam. Er hat eine tolle Manier!

VOODY

Voody ging seine erste Prüfung und holte sich leider am selben Tag nachmittags einen Sehnenschaden auf der Weide durch einen Tritt. Wir versuchten alles, um die Verletzung wieder in den Griff zu bekommen. Voody wurde behandelt und durfte eineinhalb Jahre auf der Wiese stehen. Er lahmte nicht, aber er hatte ein dickes Bein. Nachdem die Ärzte zunächst skeptisch waren, ob er überhaupt wieder reitbar sein würde, lief er nach der langen Pause wieder wie eine eins – und das bis heute! Dennoch wurden meine Pläne mit ihm über den Haufen geschmissen. Er hat wirklich viel Vermögen am Sprung, was mir aber mit der Sehnenverletzung kein gutes Gefühl mehr gab. Ich habe ihn langsam wieder antrainiert und nach einigen Monaten meinem Bruder überlassen. Er kommt wahnsinnig gut mit ihm klar und arbeitet ihn richtig klasse in der Bodenarbeit und reitet ihn auch.

BALTIC HORSE SHOW

Dann war es so weit, und wir hatten die Show vor uns, die unser Leben verändern sollte. Die Baltic Horse Show fand im Oktober 2016 statt. Im Nachhinein war es die allerbeste Entscheidung, sich für diese Show zu bewerben. Sie hieß „Zeig uns dein Talent“. Die Jury sah uns unter den

Top 10, das hatten wir mit unserem Bewerbungsvideo geschafft – und Dank des Onlinevotings konnten wir uns unter die Top 5 hocharbeiten. Ein Wochenende vor der großen Show in Kiel lud uns ein größerer Reitverein ein, der etwa 30 Minuten entfernt von uns liegt. Das war eine gute Gelegenheit für eine Generalprobe.
Ich konnte meine Show auf dem Galaabend des Vereins präsentieren. Es war die erste Show, in der ich in einem Spot – also einem Lichtkegel – geritten bin. Wir fuhren extra einen Abend vorher hin und zeigten Valoo die Lichteffekte.
Erst war er kurz überrascht und zeigte sich dann aber immer entspannter.

Die Show am Tag danach lief so wunderbar, dass ich mir schon zu diesem Zeitpunkt kaum etwas Größeres und Schöneres vorstellen konnte. Das Wochenende zuvor war ich mit vier Pferden auf einem Turnier gestartet und ganz normale Prüfungen geritten. Nun saß ich in einem weißen Kleid auf Valoo und sollte meine Show vor hunderten Menschen präsentieren!
Nach dem gelungenen Galaabend hielten mich – neben Uni und Prüfungen – die Vorbereitungen für Kiel in Atem. Ich fokussierte mich auf diese Show. Es war eine riesen Arena, die mit tausenden Menschen gefüllt war. Wie es in Kiel lief, habe ich im Tagebuch festgehalten.

Voody stellt sich gut an am Halsring, wobei er körperlich manchmal etwas überfordert ist.

MEIN TAGEBUCH

06. & 07. Oktober 2016

Baltic Horse Show 2016 – Leute, ... das war das Geilste, was ich mit Valoo bis jetzt erleben durfte. Donnerstagmorgen fuhren wir fünfeinhalb Stunden in Richtung Kiel. Nach einigen Staus und Umwegen waren wir endlich da und gingen zur Akkreditierung. Danach konnten wir ihn endlich einstallen. Valoo hatte sich gleich mit seinem Boxennachbarn angefreundet und fraß sein Mittagessen. Donnerstag gab es am Abend eine kleine Generalprobe, bevor es Freitag dann richtig losging. Über Tag führte ich ihn mehrmals herum und schaute mir dazwischen die Springprüfungen an. Da wir Karten für die Warsteiner-VIP-Tribüne hatten, konnten wir so viel trinken und Brezeln essen wie wir wollten. Beim Abreiten war Valoo wirklich schön entspannt und dann ging es los! Meine Aufregung hielt sich echt in Grenzen, und ich hatte ein ganz gutes Gefühl.

Die acht Minuten vergingen wie im Fluge – wir hatten eine geniale Show! Am Ende war ich im totalen Gefühlschaos und konnte mir die Freudentränen nicht mehr verkneifen. Valoo hat mir so viel gegeben und gezeigt, dass ich mich auf ihn verlassen kann. Ich bin verdammt stolz auf ihn! Wir konnten die Prüfung gewinnen. Nach der Siegerehrung durfte sich Valoo noch für ein paar Fotos vor der Arena ins Zeug legen. Bevor es auf den langen Heimweg ging, ruhte er sich noch kurz in seiner Box im Stallzelt aus. Auch nochmal ein dickes Lob an die anderen Bewerberinnen, die auch tolle Auftritte hingelegt haben. Die Organisation war spitze, und die Menschen dort waren alle gut drauf. Wir durften viele liebe Menschen kennenlernen. Ganz abgesehen von dem super Shuttle-Service, der uns die Wege mit Gepäck erleichterte und uns vom Parkplatz an der See abholte und zum Hotel/zum Turnier brachte. Rundum eine super gelungene Veranstaltung, auf der wir hoffentlich nicht das letzte Mal gewesen sind.

Ich war einfach nur überglücklich, dass alles so gut geklappt hat ... und ein großes Sprungbrett war es auch noch. Nächste Woche stehen noch drei Interviews an (mit einer Bloggerin, den Kieler Nachrichten und der Land & Forst), Dienstag kommt der Landestrainer mit einer Zeitschrift (Land & Forst zum Thema Abwechslungsreiche Winterarbeit), und ich konnte einen Lehrgang bei der großartigen Showreiterin Alizee Froment besuchen. Die Zeitschrift Pferd & Sport wollte mich bei diesem Lehrgang mit der Kamera begleiten. Janne Meyer, Carsten Otto Nagel, Lars Nieberg und Co. äußerten sich auch, wie toll sie unseren Auftritt fanden und wie begeistert sie wären. Ich muss das ganze erstmal verdauen. Dazu habe ich im VIP-Bereich noch tolle Kontakte knüpfen können. Auch das Equiteam möchte mich „ins Boot holen". Ich bin gespannt, was sie damit meinen. Es fühlt sich alles so unwirklich an. Wahnsinnig!

Der Lehrgang bei Alizee hat Valoo und mir viel gebracht!

OFFENE TÜREN

Ich durfte den Lehrgang bei Alizee besuchen, weitere Show-Veranstalter kamen auf mich zu – und der Turniersport lief auch weiter. Auch die Uni verlangte eine Menge von mir, was mir durch mein plötzlich so turbulentes Leben viel schwieriger erschien als es war.

Ich wollte nichts aufgeben, auch neben der Uni weiter auf meinem Erfolg mit den Pferden aufbauen und meiner Leidenschaft folgen. Auch auf eine Messe wurde ich eingeladen, die Pferd & Jagd in Hannover. Sie fand noch im selben Jahr statt, und wir ritten für das Equiteam – mittlerweile Equimero genannt. Wir sammelten unsere

1 In der Geländepferde-Prüfung Kl. L spitzt Valoo die Ohren!

2 Auch im Parcours zeigte er eine tolle Springmanier.

1

2

Auch in Prag hatten wir viel Zeit, immer enger zueinander zu finden.

ersten Erfahrungen auf einer Pferdemesse, lernten noch mehr tolle Pferdemenschen kennen und bauten ein großes Netzwerk auf, das mich von Show zu Show trug.

Ich organisierte ein Klatschtraining in einer großen Halle, bei dem ich Valoo an das Klatschen gewöhnen konnte. Er zeigte bei Applaus manchmal doch etwas Angst. In der Show selbst kann man nicht daran arbeiten und muss das Beste daraus machen.

Über hundert Leute meldeten sich zu dem kurzfristig angesetzten Training an – es wurde ein toller Abend, an dem ich unsere Showelemente präsentierte, Abläufe erklärte und das Publikum mit in mein Training einbezog. Im Januar 2017 ging es dann direkt weiter mit dem „Gala-Abend der Pferde" in Leer.

Die Turniersaison war beendet, und ich konzentrierte mich vermehrt auf die Shows. Im April 2017 stand die erste Vielseitigkeit an, die ich mit Valoo reiten wollte.

Danach ging es im Mai 2017 für knapp zwei Monate nach Tschechien

1 Valoo ging in den Springpferdeprüfungen an den Start.

2 Auch in der Dressur stellte ich ihn vor.

zu Alizee Froment. Ich durfte bei ihr auf der Anlage arbeiten und gleichzeitig von ihr lernen. In Tschechien schrieb ich in den Pausen und bis in die Nächte hinein meine Bachelorarbeit, die natürlich auch fertig werden musste. Ich konnte viel lernen und hatte selber acht Pferde zugeteilt bekommen, die ich pflegen, versorgen und ein paar davon auch reiten sollte. Meistens unter der Aufsicht von Alizee. Von ihr bekam ich mit Valoo Dressurunterricht. Als wir wieder zu Hause waren, ritten wir in dieser Saison noch einige Vielseitigkeitsprüfungen – unter anderem die Landesmeisterschaften – und unsere erste Dressurreiter-Prüfung der Klasse L. Ich ritt ihn mittlerweile auch im Gelände immer häufiger mit Halsring und wir wuchsen immer mehr zusammen.
Im Oktober rief ich dann die #missionhappy ins Leben und bereitete einer älteren Dame mit dem Besuch von Valoo und mir eine riesige Freude. Noch heute habe ich einen guten Kontakt zu ihr und bin froh, dass wir uns kennengelernt haben.

Gentleman Jack – frech, verspielt und ein kleines Schlitzohr!

EIN NEUES JAHR BEGINNT

Im Jahr 2018 ging es für mich mit dem Masterstudium an der Uni weiter. Fragt mich nicht, wie ich das neben dem Lauftraining, etlichen sportlichen Aktivitäten und den Pferden geschafft habe. Irgendwie klappte es.

Im Mai 2018 ging es auf eine unserer längsten Reisen – in die Schweiz. Zehn Tage waren Matthes und ich auf Tour und haben auf der Messe BEA in Bern unsere Show in Rahmen der Abendgala mit Cody und Valoo gezeigt. Wieder zu Hause, stand das nächste Turnier an, und wir konnten unseren ersten Sieg in einer L-Dressur holen.

Jetzt muss ich selber erstmal durchatmen. Wie ihr merkt, reihte sich ein Ereignis an das nächste. Während ich diese Zeilen hier verfasse, reise ich durch die Vergangenheit und mache mir wieder einmal klar, wie atemberaubend die letzten Jahre verlaufen sind.

Auch durch meine Präsenz in den Social-Media-Kanälen bekam ich immer mehr Anfragen für Kooperationen, Fotoshootings oder Werbedrehs. Ich durfte mit namhaften Firmen zusammenarbeiten. Allerdings hatte ich mich auch durch die Selbstständigkeit mit vielen Formalitäten herumzuschlagen, mit all den Vor- und Nachteilen, eigenes Geld zu verdienen. Manches Mal habe ich mich gefragt, warum wir nicht manche der Themen in der Schule hätten lernen können, um besser auf das Leben vorbereitet zu sein. Aber davon mal ganz abgesehen – ich kämpfte mich durch den Dschungel der Gesetze und Vorschriften.

Drehtermine sind mittlerweile schon Standard für Valoo. Anfangs war ich echt aufgeregt.

In der Hop Top Show der EQUITANA 2019 reiten zu können, war ein Traum!

MEIN TAGEBUCH ENDET

Im Juni 2018 endet mein Tagebuch. Ich bin enttäuscht, dass ich es nicht weitergeführt habe. Aber damals hatte ich wirklich jeden Tag so viel zu tun, dass ich manchmal nur vier Stunden Schlaf bekam. Jeder Tag war so durchgeplant, dass ich kaum Zeit zum Durchatmen hatte.

Allerdings durfte ich auch so viele Dinge erleben und Momente genießen, die mir auf eine andere Art und Weise wieder Kraft schenkten. Einige Menschen hatten Angst, ich würde mir zu viel zumuten. Aber keiner konnte nachvollziehen, was ich da gerade erleben durfte. Mit wie viel Herzblut ich dabei war und welche Chancen ich sah.

So war eines meiner größten Highlights die Equitana 2019. Die weltgrößte Pferdemesse buchte mich für alle fünf Gala-Abende. Wie das alles abgelaufen ist, seht ihr auf Seite 133. Wir durften 2018 und 2019 in so vielen Shows auftreten, dass ich im Turniersport etwas kürzen treten musste. Ich wünschte mir, dass Valoo und ich lange Spaß an der Sache haben sollten. Trotzdem startete ich mit Valoo in einigen L-Dressuren, von denen wir mehrere gewinnen konnten. Für 2020 stand eigentlich als Ziel die erste M-Dressur auf dem Programm. Egal, ob es die Deutschen Meisterschaften in Balve oder die Global Champions Tour in Prag (siehe Seite 136) gewesen wäre, wenn nicht die Corona-Pandemie dazwischen gekommen wäre. Aber mit jeder Show sammelte ich so viel Lebenserfahrung und lernte mein Pferd noch besser kennen.
Valoo wurde immer entspannter und genoss den Applaus der Menschen. Es stehen nun noch tolle Projekte an, und ich hoffe, dass ich das Ganze weiterhin mit so viel Elan und Leidenschaft durchziehen kann. Das Wichtigste ist jedoch, dass Valoo körperlich und geistig fit und gesund bleibt und mit mir die Bühnen dieser Welt gern betritt.

Weiter ging es nach Prag zur Global Champions Tour.

Nun ist Jack schon ein Jahr alt. Die Zeit, die rennt.

MEIN FOHLEN

Im Oktober 2019 habe ich mir meinen Traum erfüllt und ein Fohlen gekauft. Es ist für mich ein sehr spannendes Projekt, da ich bislang immer nur mit Pferden ab drei Jahren gearbeitet habe. Gentleman Jack (Gentleman x Lord Pezi) ist ein Fohlen mit einem ganz starken Charakter.
Er ist neugierig, frech und versucht immer den Chef zu spielen. Mittlerweile unterwirft er sich zumindest den anderen Großpferden, woran anfangs überhaupt nicht zu denken war. Er lernt mit einem spielerischen, aber konsequenten Training die Anfänge der Bodenarbeit und kann auch schon frei gearbeitet werden. Ich arbeite ihn meistens ein- bis zweimal die Woche für maximal zehn Minuten. Manchmal geht's spazieren, auf den Reitplatz oder er kommt als Handpferd mit an Valoos Seite. Es ist wie ein großes Experiment, in dem ich mich gerade befinde, und ich bin sehr gespannt, wo unsere gemeinsame Reise noch hinführt.

Die Neugierde hat er sich wohl von Valoo abgeschaut.

DIE DREI VON DER TANKSTELLE

Dealer, Voody und Cody zeigen zusammen ein tolles Showbild mit Matthes. Mittlerweile haben die vier gut zueinander gefunden und reisen zu verschiedenen Veranstaltungen.

Dealer ist im Alter von drei Jahren in unsere Familie eingezogen.

GANZ VIEL ZU ERLEBEN

Auch Matthes ist mittlerweile sehr erfolgreich unterwegs, und somit werden wir in Zukunft oft gemeinsam mit dem LKW voll gepackt mit vier bis sechs Pferden unterwegs sein.
Das ist also das Zwischenfazit, was aus einem kleinen „Talentwettbewerb" geworden ist. Ich kann es selbst noch nicht glauben.

Beim „Gala-Abend der Pferde" in Leer präsentiert Matthes sein Showbild.

Zudem gebe ich immer mehr Seminare und Lehrgänge auch im Ausland und arbeite mit Videoplattformen wie wehorse zusammen, um mein Wissen an so viele Menschen wie möglich weiterzugeben. Verschiedene TV-Sender besuchen mich, und ich darf viele Interviews zu den verschiedensten Themen geben.
Ich darf mit Ingrid Klimke zusammen trainieren und kann Chancen nutzen, die ich mir nie erträumt hätte. Zum einen darf ich in ganz verschiedene Sparten schauen, die unterschiedlichsten Turniere, Messen und Shows erkunden und lerne eine Menge Leute kennen, durch die ich neue Kontakte knüpfen kann. Es ist wie ein großes Netzwerk, das ich mir aufbauen konnte.
Ich stelle keine Ansprüche an die Zukunft und bin einfach offen für das, was da noch kommt! Zufrieden und stolz bin ich allemal mit dem, was wir erreicht haben. Eine wunderbare Zeit!

Wenn die Kamera läuft, weiß Valoo genau Bescheid!

ICH, DIE INFLUENCERIN?

Wer mich früher gefragt hätte, was ich einmal werden möchte, wäre die Antwort „Tierärztin“ gewesen. Tatsächlich fand ich mich im Lehramtsstudium wieder.

Schon vor meinem Studium hatte ich die Facebook-Seite „Vite Valoo – Ein Pferd zum Verlieben“ eröffnet. Nie mit dem Hintergedanken, davon einmal leben zu können. Während des Studiums ritt ich parallel die ersten Shows und erarbeitete mir meine Selbstständigkeit durch und mit den Pferden.

Der Aspekt „Social Media“ lief eher beiläufig, wuchs aber stetig weiter. Vor allem die Eröffnung der Instagram-Seite „vite_valoo“ (mittlerweile umbenannt in „lisa_roeckener“) veränderte mein Leben.

Mir hatte es immer schon Spaß gemacht, Videos zu drehen und Neues auszuprobieren, schöne und verrückte Sachen zu machen und diese dann online in der Öffentlichkeit zu teilen. Ich wollte Motivation aussprechen und Leute zum Lachen und auch zum Nachdenken bringen.

Vor allem mit dem Start des Instagram-Kanals stieg die Follower-Zahl stetig an. Es kamen pro Tag zwischen 100 und 300 neue Follower dazu, was mich sehr motivierte weiterzumachen.

Anfangs veröffentlichte ich meist einfache, kurze Berichte über das Training.

Irgendwann jedoch schlich sich eine Regelmäßigkeit ein, die zunächst relativ unbewusst ablief. Die ersten Shootings standen auf dem Programm. Ich versuchte, meine Leidenschaft und Arbeit mit den Pferden in bewegten Bildern zu zeigen. Ich überlegte, wie ich lustige Inhalte, aber auch Bilder mit wichtigen Messenges gestalten könnte. Mit dem Kanal wuchs auch die Kreativität, die ich an den Tag legte.

KOOPERATIONEN UND LEHRGÄNGE

Irgendwann war es soweit. Es kam die erste Kooperationsanfrage. Bis dahin hatte ich mit den Social-Media-Kanälen kein Geld verdient – und das änderte sich durch die ersten Anfragen erstmal auch nicht. Ich bekam eine Anfrage von Equimero. Sie fertigen Zäune aus Biothane und haben einen Balancezügel entwickelt, der ebenfalls als Halsring genutzt werden kann.
Ich war total happy über diese erste Anfrage und plante mein erstes Shooting mit dem Produkt. Sogar Videos drehte ich dazu.
Das erste Mal fühlte ich eine Art „Plan" hinter dem Ganzen. Ich ging zur Uni, kam meist erst spät nach Hause und machte mir Gedanken über Content, Shootings, Drehs und vor allem auch Showinhalte.
Nebenbei gab ich auch die ersten kleinen Lehrgänge, in denen ich meine Arbeit vermittelte. Immer mit viel Respekt vor der Aufgabe. Ich hinterfragte meine Arbeit schon sehr oft und konnte die Nächte vor den Lehrgängen kaum schlafen. Anfangs hatte ich Angst davor, einem Pferde-Reiter-Paar womöglich nicht weiterhelfen zu können. Ich hatte ja selbst noch gar nicht so viel Erfahrung mit all dem Bodenarbeitszeug. Ich probierte einfach meinen Weg auf andere zu übertragen ... und es klappte super.
Ich war nach jedem Lehrgangstag so entspannt und erleichtert, wenn es wieder so gut gelaufen war. All die Sorgen, die die Tage und Nächte davor in meinem Kopf herumschwirrten, waren wie verflogen.
Aus jedem Lehrgang und aus vielen Unterrichtsstunden ging ich mit neuer Motivation heraus, um noch mehr Menschen die Möglichkeit zu geben, anders mit ihren Pferden zu arbeiten. So entwickelten sich der Unterricht, die Lehrgänge und die Social-Media-Seiten immer weiter. Ich berichtete auf meinen Seiten von den Kursen und Shows, von den Turnieren und dem alltäglichen Training sowie auch von der Uni. Eins ging ins andere über, sodass sich die Lehrgangs- und Unterrichtsanfragen über die Social-Media-Kanäle ergaben.

Die Piaffe ist eines unser aktuellsten Trainingsziele.

WEITERSTUDIEREN

Ein ums andere Mal spielte ich mit dem Gedanken, ob das Lehramt wirklich die Berufung für mich war, die ich mir erhoffte. Noch war ja alles gut. Ich konnte studieren und auf Kosten des Studentenlebens meine Nebentätigkeit ausführen. Auf Kosten des Studentenlebens bedeutet, dass ich fast nie in Münster feiern war. Ich habe alle notwendigen Veranstaltungen besucht und meine Prüfungen abgelegt, aber noch nicht mal eine WG-Party oder ein Grillabend am Aasee mitgemacht.
Ich entschied mich, mein Studium zu Ende zu führen und nebenbei so gut es ging mein zweites Standbein mit den Pferden aufzubauen. Da war mir noch nicht klar, wie sich alles entwickeln würde. Zum Ende des Bachelors (das sind die ersten sechs Semester/ drei Jahre in der Uni) hatte sich mein Instagram-Account so weiterentwickelt, dass immer mehr Anfragen kamen und ich somit mein erstes Geld verdiene konnte.

Neben den Shows, bei denen ich auch eine Gage erhielt, konnte ich nun auch durch gezielte Aufträge mit Fotos, Videos und Testberichten Geld verdienen. Ich fing an, mit einigen Marken Kollektionen zu shooten und diese online zu stellen. Was mir aber immer schon wichtig war, ist der Ausgleich zwischen meinem „normalen Content“ und der werblichen Seite eines Posts. Bei Produkten, die ich bewerbe oder auf den Bildern zeige, möchte ich dahinterstehen können. Ich wollte mich nie vor der Kamera verstellen. Ich wollte den Menschen zeigen, wie mein Leben wirklich ist, welche Höhen und Tiefen es in meinem Leben gibt, einfach so, wie es kommt.
Dass dadurch auch manche Nächte sehr kurz geworden sind und ich immer mehr nach einem strikten Plan lebte, versteckte ich auch nicht. Wenn ich mir Ziele setze und vor Aufgaben stehe, dann möchte ich diese auch bestmöglich umsetzen.

Wenn Valoo Rosa tragen muss, darf er schon mal die Zunge rausstrecken.

KREATIV SEIN

Eine kleine Sportübung gefällig? Hauptsache, Valoo bleibt stehen!

SPASS MIT VOODY

Zwischen zwei Turnierprüfungen mit einem anderen Pferd habe ich die Zeit genutzt, um mit Voody zu Hause zu trainieren.

Aus diesem Grund gab es auch Zeiten, in denen ich mir zu viel zugemutet habe und neben dem Marathon am nächsten Tag schnell zur Uni gefahren bin und dann bis Mitternacht noch auf dem Pferd saß. Ja, ich habe auch viele Fehler gemacht. Aber wie sage ich so gern: Ohne Fehler lernen wir nichts. Es muss Rückschritte geben, damit wir abbiegen und neuen Anlauf nehmen können.

Ein bisschen Spaß muss sein nach einem langen Shootingtag.

FILME DREHEN

Die Monate vergingen wie im Flug. Ich hatte während meines Masterstudiums immer mehr für mein zweites Standbein gelebt und den Master „nebenbei" gemacht. Natürlich nahm das super viel Zeit in Anspruch, aber ich wusste immer, wofür ich so viel arbeite.

Im letzten Mastersemester hatte ich lediglich ein paar Blockseminare, weshalb ich meinen Tagesablauf neben dem Lernen neu und flexibler gestalten konnte. Ich wusste, dass die Masterarbeit noch vor mir lag, aber ich konzentrierte mich nun in erster Linie auf meinen Social-Media-Job.

Ich arbeitete Konzepte aus, mit denen ich Firmen unterstützen wollte. Im Training kreisten die Gedanken immer mehr um neue Showbilder. Ich hörte beim Laufen nicht mehr meine Lieblingsmusik, sondern durchstöberte Listen mit instrumentaler Musik, um neue Titel für die Show zu finden. Durch die vielen Auftritte wuchs auch das Interesse an meinem Account stetig. Dies alles gab mir Motivation, um noch mehr Arbeit in diese Projekte zu stecken. Die Fotoshootings liefen nun nach Plan ab, und ich führte Listen und Dokumente darüber, was wann geshootet werden musste und wie ich welches Produkt gut in Szene setzen konnte. Ich arbeitete mit verschiedenen Fotografen und Kunden zusammen. Für meine Videoprojekte holte ich mir Luis Stuff ins Boot, der mir auf eine Fotografenanfrage hin eine Mail schrieb. Wir drehten Lookbooks und Kollektionsvideos für Kunden und tauschten unzählige Videoideen aus. Sogar ein Musikvideo entstand aus der Laune heraus.

Neben den Turnieren waren es die Shows, die mir auch in anstrengenden Zeiten immer wieder Aufwind gaben. Ich konnte es häufig nicht fassen, wie viele Menschen meiner Show folgten und wie viele Emotionen dabei entstanden.

Bis zum heutigen Zeitpunkt kann ich dank Social-Media einen Großteil meines Einkommens verdienen. Zusammen mit den Lehrgängen, dem Unterricht, den Shows und anderen Veranstaltungen ist dies zu meinem Hauptjob geworden. Nie hätte ich es geglaubt – aber schon ab und zu davon geträumt.

MEIN UNFALL: WENDEPUNKT IM LEBEN

Der Unfall im Jahr 2013 war wie ein Schlag ins Gesicht für mich. Humphrey und ich überschlugen uns an einem Geländehindernis, und ich kam ins Krankenhaus. Mit einem gebrochenen Schlüsselbein und einigen Prellungen hatte ich viele Schutzengel. Dennoch dauerte es lange, bis ich wieder ganz auf die Beine kam. Auf einmal waren all die Träume zerplatz und ich fühlte mich nicht mehr wie ich selber. Schon kurz nach dem Unfall gingen mir viele Fragen durch den Kopf. Wie sollte das alles weitergehen? Die Reiterei war das, was mich immer aufgefangen hatte – egal, welche Probleme ich gerade hatte. Ich fuhr in den Stall und konnte abschalten. Nach dem Unfall aber spürte ich eine zunächst noch unterschwellige Angst. Nicht vor den Pferden, sondern vor dem Sport. Damals gehörte für mich der Sport aber genauso zu den Pferden wie das Versorgen und Kuscheln. Ich sah meine Welt zusammenbrechen. Mama war diejenige, die damals schon sagte, dass dieser Unfall für irgendetwas gut gewesen sei. So etwas möchte man natürlich gerade dann – im letzten möglichen Jahr für die Junioren-Europameisterschaft – nun wirklich nicht hören.

Mein großer Traum war geplatzt. Als ich nach den Operationen das erste Mal wieder auf dem Pferd saß, fühlte es sich zunächst gut an, und ich schöpfte neue Hoffnung, dass ich doch wieder normal weitermachen kann.

Mit Humphrey durfte ich regelmäßig zum Training nach Warendorf.

Mit Angst umgehen

Bis ich den ersten festen Sprung anritt. In meinem Kopf tauchten die Bilder des Sturzes wieder auf und ich fühlte mich wie gefesselt, fing an, an den Zügeln zu ziehen und wollte eigentlich gar nicht über das Hindernis springen. Humphrey aber schon. Auch nach einigen Trainingseinheiten mit meinem Trainer, der versuchte, mir die Angst zu nehmen, wurde es nicht besser.

Ich sagte zwar, dass ich wieder ins Gelände wollte – und eigentlich wollte ich das ja auch, aber innerlich konnte ich es nicht. Vor jedem Sprung hatte ich Angst und wollte am liebsten ausweichen. Somit verunsicherte ich auch Humphrey immer mehr.

Ich nahm wieder an Turnieren teil, sammelte aber nur schlechte Erfahrungen. Ich schaffte keinen Parcours mehr, so einfach er auch aufgebaut war. Ich war enttäuscht von mir selbst. Ich konnte es nicht verstehen – es lief doch vor einigen Monaten noch wirklich gut. Was war los mit mir? Warum konnte ich nicht einfach einen Neustart machen?

1

2

Einerseits wollte ich so gern wieder über die Geländestrecken fliegen und meiner Leidenschaft nachgehen, andererseits hatte ich immer mehr Angst vor dem Versagen. Erst nachdem ich eine Turnierpause einlegte und danach mit Humphrey nur noch in Dressur- und Springprüfungen startete, lief es wieder einigermaßen. Ich hatte ihn aber so verunsichert, dass wir auch im normalen L- und M-Springen immer wieder Verweigerungen kassieren mussten. Es sollte einfach in diesem Moment nicht sein. Nach dem Beginn des Studiums startete ich mit Valoo ganz neu in ein völlig anderes Leben. Durch ihn fiel mir alles wieder viel leichter. Stück für Stück holte ich mir die Leichtigkeit wieder – das Vertrauen und vor allem den Spaß am Reiten. Nie hätte ich gedacht, dass ich jemals wieder so fröhlich und gut gelaunt in den Stall tapern werde, dass mir ganz neue Aufgaben zufallen und ich mich anderen Herausforderungen stellen würde. Mit Valoo gelang der Sprung in die Vielseitigkeit dann auf dem am Anfang beschriebenen Weg wieder. Damit hätte ich nach dem Sturz nicht gerechnet.

EQUITANA HOP-TOP-SHOW

Eine der wichtigsten und schönsten Momente – neben der Baltic Horse Show – war in meinem bisherigen Leben der Anruf der Equitana. Die weltgrößte Pferdemesse fragte mich tatsächlich, ob ich in der Hop-Top-Show auftreten könnte.

Ich stand abends um 21 Uhr noch in der Halle und gab Unterricht. Plötzlich klingelte das Telefon – unbekannte Nummer. Ich ließ Jenni durchparieren und ging ans Handy. Es war die Leitung der Hop-Top-Show. Eigentlich wäre ich am Wochenende zur Equitana gefahren und hätte ein paar Autogrammstunden gegeben.

Davor war eine große Geburtstagsfeier von meiner Mutter geplant. Die Stimme am Telefon fragte, ob ich zufällig die Möglichkeit hätte, mit Pferd zur Equitana zu kommen. Zunächst dachte ich, dass ich eventuell in einem Aktionszirkel etwas zeigen sollte. Ich verneinte es nicht und fragte, was genau denn gewünscht wird. Dann kam die Anfrage, von der ich schon oft geträumt hatte: „Könnten Sie sich vorstellen, an der Hop-Top-Show

1 Landesmeisterschaften in Rastede

2 Über die Kante ging's ab ins Wasser!

Auch die Talkrunden auf Messen machen viel Spaß – ehrlich, witzig und direkt

an allen fünf Tagen teilzunehmen?" … Stille … ich fühlte mich wirklich wie im Traum und ratterte so schnell es ging alle meine Termine die nächsten zwei Wochen durch – okay, alles Dinge, die ich für meinen großen Traum verschieben kann! „Na klar", platzte es aus mir heraus.

Schon Morgen geht es los!

Jenni hatte Verständnis dafür, dass ich die Stunde abbrach und direkt zu meinen Eltern fahren wollte. Das Besondere war nämlich, dass die erste Probe schon am Donnerstag lief und ich am nächsten Morgen mit Sack und Pack für zehn Tage nach Essen reisen musste.

Dafür brauchte ich natürlich noch eine Menge Klamotten. Ich holte nachts noch den Transporter von einer guten Freundin ab, packte den Anhänger mit all den Showsachen und düste in meine Wohnung (mittlerweile war ich ausgezogen), um meine Taschen zu packen. In meinem Kopf überschlug sich alles.

Ich musste an so vieles denken, wofür ich sonst lange im Voraus plante. Jetzt blieb mir nur eine Nacht! Am nächsten Morgen ging es im Stall weiter und ich sammelte die letzten Sachen zusammen. Die Videos meiner Instagram-Story zeigten, wie sich meine Emotionen überschlugen – und meine Follower fieberten total emotional mit.

Gegen Mittag kam Matthes aus der Schule und sprang direkt mit in den voll gepackten Transporter. Auf ging's. Die ganze Fahrt über ging ich all die Sachen durch. Hatte ich alles? Was muss ich vor Ort noch klären? Wie wird Valoo laufen? … Ich war auf einer angespannten Wolke 7 – wenn man das so sagen kann.

Die Tage auf der Equitana verliefen einfach bombastisch. Noch nie habe ich mich so wohlgefühlt in einer Show. Valoo brachten wir für zwei showfreie Tage einmal nach Hause, um ihn auf der Wiese laufen zu lassen. Wieder angekommen, absolvierte er die letzten Shows wieder einfach fantastisch. Ich hätte nicht gedacht, dass er so lange so tapfer ist und überwiegend konzentriert bei der Sache war.

Neue Begegnungen

Auf der Messe kam mir Linda Tellington-Jones entgegen. Ich wollte sie frage, ob wir ein Foto für meine Instagram-Story machen könnten. Doch bevor ich das erste englische Wort rausbekam, kam sie mir zuvor und fragte mich, ob wir ein Foto zusammen machen könnten. Sie erzählte mir, dass sie meine Show ganz toll fand und meine Arbeit sehr schätzte. Ich dachte, ich träume. Menschen, von denen ich selber viel halte, kamen zu mir und redeten mit mir über meine Show.
Ich, die ganz klein beim Weihnachtsreiten angefangen hatte, erreichte nun so viele Menschen. Ich war wirklich beeindruckt. Vor Ort sammelte ich neben den Interviews, Drehs, Autogrammstunden und Shows so viele Eindrücke, die ich anschließend erst einmal verdauen musste. Valoo bekam seinen wohlverdienten „Urlaub" nach der Messe und ich brauchte auch ein paar Tage, um alles zu verdauen und Schlaf nachzuholen.
Die Rückmeldungen waren einfach der Wahnsinn. Noch nie zuvor hatte ich so viele Pferdemenschen getroffen, mich mit ihnen ausgetauscht, Neues kennengelernt und wahnsinnig tolle Chancen ergreifen können. Die Equitana war jede Sekunde wert. Ich bin so dankbar dafür, dass ich die Chance bekam, auf dieser tollen Messe auftreten zu dürfen. Nach der Equitana stieg die Nachfrage noch weiter an. Ich legte mir einen Plan für das Jahr 2019 an und schaute, welcher Show ich zu- oder absagen konnte.
Ich wollte Valoo nicht überfordern, aber trotzdem die Chance nutzen und viel herumreisen. Immer mit dem Hauptgedanken, dass es meinem Pferd dabei gut geht. Mir war bewusst, dass die Showauftritte meinem Pferd viel abverlangten. Schon deshalb steht für mich die Gesunderhaltung und der faire und liebevolle Umgang immer an erster Stelle. So konnte ich mit gutem Gewissen auch Shows annehmen, die längere Anreisen erforderlich machten. Die gute Planung war eben das A und O.

Pferdemenschen sind einfach besonders – so auch Linda Tellington-Jones.

AUF NACH PRAG!

Die nächste Herausforderung stand Ende des Jahres 2019 an. Nachdem wir mit der Show an den Deutschen Meisterschaften in Balve teilnehmen durften und viele andere tolle und große Shows bestritten, stand ein weiteres Highlight im November auf dem Programm.
Die Global Champions Tour fragte, ob ich in Prag meine Show an vier Showabenden zeigen könnte. In die Arena passen gut 18.000 Menschen, und am Wochenende war die Halle ausverkauft. Ich konnte mir gar nicht ausmalen, welches Gefühl es sein würde, dort reiten zu dürfen. Ich plante, diese Tour zusammen mit Britta (unbestritten die beste „Pflegerin“ und zugleich Freundin der Welt) und Matthes zu meistern.

Das tschechische Publikum wird natürlich auch mit einem Knicks begrüßt.

Zu dritt ging es einige Tage vor dem Event Richtung Prag. Anhand der Erfahrungen entschlossen wir uns, die Nacht durchzufahren. Wir kamen gegen 4:30 Uhr morgens in Prag an und konnten nach dem Vet-Check und der Anmeldung endlich einstallen. Die großen, beheizten Stallzelte waren direkt neben der großen O_2-Arena aufgebaut. Valoo stand wie immer super entspannt auf dem Transporter. Wir führten ihn etwas herum und dann konnte er sich in seiner Box ausruhen. Da wir immer sehr viel Equipment wie Hindernisse, Sattelschrank, Stallbedarf und Showutensilien dabeihaben müssen, reisen wir mit einem kleinen Transporter für zwei Pferde und einem Anhänger dahinter.
Im Anhänger befinden sich alle Showsachen und Valoo hat den komfortablen Transporter, den wir uns ausleihen, für sich alleine. Heu, Wasser und bei längeren Fahrten auch Kraftfutter bekommt er direkt im Transporter.
Als Valoo in seiner Box war, räumten wir die Tackbox (eine leere Box, in der wir alle Sachen lagern) ein, und danach ging es zügig in die Arena. Es gab ein erstes Treffen mit den Veranstaltern, die nur Englisch sprachen. Zum Glück spricht Britta diese Sprache perfekt und nach einiger Zeit lief es auch bei mir ganz gut.
Während Britta und ich weiter organisierten, fuhr Matthes mit dem Anhänger zum Backstage-Bereich, um die Hindernisse abzuladen. Am ersten Tag gilt es viel Organisatorisches zu erledigen, damit wir alle ganz entspannt

in die Show-Tage starten konnten. So gut wir auch immer vorbereitet waren, es kam immer etwas Unerwartetes dazwischen. Der Anhänger musste weit weg abgestellt werden, und Matthes wurde vom Shuttleservice wieder zurück zur Arena gebracht. Jetzt konnten wir endlich ins Hotel fahren, um unsere Sachen auszupacken. Nebenbei erwähnt, waren wir ja seit dem Morgen des Vortages wach.

Als wir im wirklich edlen Hotel angekommen waren und uns zum Entspannen im Whirlpool trafen (ja, wir hatten wirklich ein tolles Hotel), klingelte das Handy. Ich sollte zum Soundcheck kommen und ein Interview geben. Fix ging es wieder in die Reitsachen und ab zur Halle.

Zuerst schaute ich kurz bei Valoo vorbei, der seelenruhig in seiner Box schlummerte und sich von der Fahrt erholte. Britta führte ihn danach noch gut 30 Minuten um die Stallzelte herum. In der Arena machten wir den Soundcheck, und Matthes wies die Helfer vor Ort ein, die für den Aufbau verantwortlich waren. Im Anschluss fand auch schon die Generalprobe statt. Mittlerweile war es fast 19 Uhr und wir total müde. Aber dann ging es los.

In der O2-Arena gab es ordentlich Platz, um richtig Gas zu geben!

Die Verrücktheit liegt wohl in der Familie.

Generalprobe

Wir sattelten Valoo, als Matthes unten in der Arena den Aufbau koordinierte und probte. Nachdem ich Valoo abgeritten hatte und die Gruppe vor mir fertig war, ging es auch für mich los. Wir ritten beide Show-Acts einmal durch, setzten Lichtpunkte für das Aufbauteam und testeten verschiedene Lichteffekte. Valoo war nach einiger Zeit so gelassen, dass ich mich wirklich voll und ganz auf die Organisation konzentrieren und die Licht- und Soundeffekte beobachten konnte.

Wir passten die Abstände der Hindernisse noch einmal an und waren dann nach gut einer Stunde fertig mit der Probe. Da wir vier Show-Tage vor uns hatten, wollte der Veranstalter beide Showteile von mir präsentieren. Zwei Shows im Kleid und zwei mit Frack. So mussten wir natürlich auch beide Acts auf- und abbauen.

Endlich! Nach 48 Stunden lagen wir todmüde in unseren Hotelzimmern und konnten wirklich gut schlafen. Show-Tage sind lang und anstrengend, aber man bekommt so viel geschenkt. Es macht einfach unheimlich viel Spaß. Am nächsten Morgen ging es für uns früh raus, weil wir direkt zu Valoo gehen wollten.

Da so früh noch kein Shuttle fuhr und ich zwischen fünf und sechs Uhr in der Früh trainieren musste, kombinierte ich den Weg zur Halle mit meinem Lauftraining. Ab 6 Uhr konnten wir mit den Pferden nicht mehr in die Abreitehalle, da dann die Springpferde trainiert wurden. Valoo bekam auf jeden Fall trotz der Boxenhaltung genug Bewegung – und lieferte vier grandiose Shows ab.

Die Arena war einfach der Wahnsinn. Als ich hineinritt, konnte ich die Menschen gar nicht alle erkennen, da die Zuschauerränge unbeleuchtet waren. Erst als der erste Applaus aufbrandete, realisierte ich – und auch Valoo – vor welch einer Kulisse wir auftraten. Neben den Zuschauern in der Arena gab es eine Live Übertragung im Fernsehen und im Internet. Ich durfte gar nicht daran denken, wie viele Menschen uns gerade zusahen. Ich genoss es einfach, meine Show – das Resultat unser täglichen Arbeit –

präsentieren zu können. Einfach unglaublich. Selbst die Interviews auf Englisch klappten besser, als ich es erwartet hatte.
Nach den langen Tagen und wundervollen Shows traten wir am Sonntagnachmittag die Heimreise an.
Wir fuhren in die Nacht hinein und waren froh, als wir alle gesund und glücklich wieder zu Hause ankamen. Ich fing trotz Schlafmangels sofort an, all die Sachen wieder auszupacken. Ich war voll in meinem Element. Nach jeder Show konnte ich erst gut schlafen, wenn ich wusste, dass alles wieder an seinem Platz war. Lediglich das Saubermachen des Transporters und die letzten Maschinen mit Wäsche zogen sich bis in die nächsten Tage hinein.
Die Begleitung per Instagram klappte auch in Prag super. Das Internet funktionierte einwandfrei, und ich konnte meine Follower über die Story und die Posts erfolgreich mitnehmen. Die Story kam super an, es hatten viele Tausend Menschen mitgefiebert und mir ganz tolle Nachrichten geschickt. Ihr merkt, dass eine Veranstaltung wahnsinnig anspruchsvoll und anstrengend ist. Ich gehe aber total darin auf. Mit langem Ausschlafen und Chillen kann man mir eben keine Freude bereiten.

Ob über Sprünge oder Decken – das ist Valoo auch egal.

Manchmal muss man die Perspektive wechseln, um Neues zu entdecken.

IM SHOWFIEBER

Allgemein liebe ich es, mit Valoo meine Shows zu präsentieren. Ich weiß, dass ich damit einiges von meinem Pferd abverlange, kann es aber mit gutem Gewissen vertreten, da ich alles gebe, um ihm ein tolles und faires Leben geben zu können. Wir haben uns zusammen an immer größere Veranstaltung herangetraut und die Möglichkeit bekommen, uns so Schritt für Schritt weiterzuentwickeln und zu wachsen.
Das Gefühl, eine Show vor so vielen Menschen zu reiten, ist wunderbar! Valoo arbeitet super mit, und ich kann einfach meine Gefühle zeigen! Ich kann mich oft gar nicht zurückhalten und lasse meinen Emotionen freien Lauf.
Was ich ganz spannend finde ist, dass Valoo auch in der Show zwischendurch seine fünf Sekunden Pause fordert und seinen Kopf gegen meinen Oberkörper drückt und einmal tief durchatmet. Ich habe mir von Anfang an diese Zeit genommen und uns auch in der Show vor den Menschen einen kleinen Moment gegönnt, in dem wir einmal durchatmen können.

NACHT DER PFERDE

Zum Abschluss dieses Abschnitts möchte ich noch kurz auf die „Pannen" eingehen, die wir so erlebt haben. Natürlich läuft eine Show nie 100%ig reibungslos ab. Das Beste jedoch war ein Missgeschick, das uns in Chemnitz in der „Nacht der Pferde" passiert ist. Die Anreise und die Proben liefen fantastisch.
In der Probe haben wir jedoch unsere Dachrinne im Sprung mit dem Tuch nicht eingehangen, da dieser Act die Wochen zuvor schon immer super lief und die Tücher schon fertig gemacht waren für die Show.
Am Abend des Auftrittes wurde ich anmoderiert und stand am Eingang der ausverkauften Halle. Ich wartete nur noch darauf, dass alles aufgebaut wurde. Auf einmal kam Papa mit der Hindernisstange wieder raus und rief zum Parcoursteam, dass sie ganz schnell eine 3,50 Meter Stange holen sollten. Ich habe erst gar nicht verstanden, warum meine Stange nicht passte! Ich hatte doch die Sprünge selber mitgebracht!

Konzentriert versuche ich, jedem Reiter und Pferd weiterzuhelfen.

Nach der Show hat Papa mir dann alles erzählt. Wir hatten die Stangen gekürzt und dafür auch eine neue Dachrinne gebaut. Leider hatten wir jedoch die alte Dachrinne eingepackt. Seit diesem Zeitpunkt steht auf meiner Packliste „Dachrinne (richtige Länge)" drauf. Wir lachten noch einmal herzlich darüber und waren froh, dass das tolle Team in Chemnitz sofort eine andere blaue Stange parat hatte.

MEINE KURSE

Ich habe früher nie darüber nachgedacht, einmal Unterricht zu geben oder Lehrgänge zu veranstalten. Das war für mich auch immer ein Punkt, den ich mir selbst nicht zugetraute. Ich stand hinter dem, was ich meinen Pferden und anderen Pferden beigebracht habe, aber hielt mich für „zu schlecht", um es anderen weiterzuvermitteln.
Als die ersten Anfragen kamen, gingen mir so viele Dinge durch den Kopf. Was ist, wenn du viel zu schlecht unterrichtest? Die Probleme der Pferde nicht erkennst oder ihnen was Falsches beibringst? Was ist, wenn die Menschen deinen Unterricht total doof finden oder du keine Aufgaben mehr für sie parat hast, weil sie eigentlich viel besser sind als du? Ich konnte mich mit dem Gedanken lange Zeit nicht anfreunden, bis sich die Anfragen häuften und ich mir einen Ruck gab. Die ersten Stunden gab ich im Freundeskreis, um mich selbst in einem gewohnten Umfeld auf die Probe zu stellen. Ich probierte verschiedenen Dinge aus und merkte, dass ich immer mehr eine Struktur in meinen Unterricht bekam. Nachdem ich ein paar verschiedene Pferde und Reiter im Unterricht hatte, merkte ich, dass mir diese Grundstruktur Sicherheit gab.

Egal wie die Prüfung lief – wir haben immer ein Lachen auf dem Gesicht.

JEDES PFERD IST ANDERS

Allerdings wurde mir auch bewusst, dass die Pferde so unterschiedlich sind und auch verschieden reagieren, dass ich viel individueller arbeiten muss. Ich testete Wege aus und erzielte schnell Erfolge.

Die Grundstruktur war zwar gut für den Anfang, aber längst nicht die Lösung der Probleme meiner Reitschüler und Pferde. Nachdem ich immer mehr Erfahrung sammeln konnte, fiel es mir auch leichter, individuell mit den Reitern und Pferden zu trainieren. Ich setzte unterschiedliche Ziele und versuchte, mich in jedes Reiter-Pferde-Paar hineinzuversetzen. Dabei ging es in meinem Unterricht nicht um die perfekt gerittene Traversale oder die Galopppirouette. Ich habe immer gesagt, dass ich gern das weitervermitteln möchte, was ich selber kann und wo ich mich sicher fühle. Das war die anfängliche Arbeit am Boden, das Halsringreiten und die Ausbildung bis A/L-Dressur und -Springen. Die anderen Lektionen hätte ich mir auch anlesen können, und an denen arbeite ich mit meinem Trainer auch, aber ich fühle mich nicht dazu berufen, nur auf Zwang diese Lektionen meinen Schülern beibringen zu müssen. Jeder hat seine Stärken und Schwächen.

Wir geben unsere Stärken weiter und lernen von anderen, um unsere Schwächen zu minimieren und daran zu wachsen. Ich bin nun mal kein Profi und kein Mensch, der alles im Reitsport kann – bzw. können muss! Als ich das für mich herausgefunden habe und hinter dieser Sicht stehen konnte, fiel es mir deutlich leichter neue und fremde Schüler anzunehmen.

Am Anfang jeder Zusammenarbeit – egal, ob für längere Zeit im Unterricht oder für ein Wochenende im Lehrgang – sagte ich folgende Worte: „Du kannst dir bei mir das raussuchen, was für dein persönliches Konzept mit deinem Pferd/Pony passt. Es gibt viele tolle andere Trainer, die unterschiedliche Wege gehen, aber mindestens genauso weit kommen. Vielleicht passt für dich und dein Pferd mein Weg/mein Konzept oder eben ein Gedankengang, der dein Konzept bereichert."

Mir war also wichtig, dass jeder nach seinem Gefühl arbeiten sollte. Ich kann unterstützen und von außen Hilfen und Hinweise geben. Wie und ob diese umgesetzt werden, bleibt jedem Reiter/Pferdebesitzer selbst überlassen. Ein Wunderrezept, das sich auch so mancher Reitschüler von mir wünscht, habe ich leider nicht parat.

Speziell bei den Lehrgängen war ich anfangs echt aufgeregt. Ich habe die Nacht vorher viel darüber nachgedacht, was ich wohl für Pferde sehen werde und welche Probleme auf mich zukommen. Mit der Zeit wurde auch das immer besser und die Menge an wirklich tollem Feedback hat mich immer gestärkt weiterzumachen.

Eine ganz tolle Reise hat Dagmar hinter sich. Sie kam mit großer Angst vor ihrem Pferd zu mir und schrieb nun diese Zeilen an mich.

Walli kam schon nach vier Wochen mit zur ersten Messe.

„OHJE, DAGMAR HAT ANGST VOR IHREM PFERD“

„Im Jahr 2015 erfüllte mir mein Mann meinen Traum und schenkte mir einen 4-jährigen PRE Wallach namens „Emprendedor“. Empré war gerade eingefahren und hatte wenige Male einen Sattel auf dem Rücken. Ich, Dagmar, seinerzeit 51 Jahre alt, dachte mir, ... das kriege ich hin, das habe ich schon mal geschafft. Denn schließlich ritt ich ja seit meinem 10. Lebensjahr.
Ich vergaß nur dabei, dass ich beim letzten Einreiten eines jungen Pferdes gut 25 Jahre jünger gewesen war. Und damit doch körperlich und mental etwas flexibler als heute. Ich fing an, mit Empre zu arbeiten, zunächst mit Longieren und Reiten mit der Unterstützung von jungen Bereiterinnen, die mir von einem Freund, welcher Dressurausbilder der höchsten Klasse ist, zur Verfügung gestellt wurden. So weit, so gut.

Ich hatte mich überschätzt und erlitt im wahrsten Sinne des Wortes „Schiffbruch“ und fiel einige Male ziemlich unangenehm und schmerzhaft vom Pferd. Und da war sie, plötzlich und scheinbar unüberwindbar. **Die Angst.**
Ich fand fortan großartige Ausreden um bloß nicht reiten zu müssen. Die Angst wurde immer größer, und wann immer ich wieder einen Versuch unternahm zu reiten, wurde alles schlimmer, weil Empré natürlich meine Angst als ernst zu nehmende Warnung registrierte. Er konnte sich nicht auf mich verlassen. Und ich mich damit auch nicht auf ihn. Wo sollte das hinführen?
Ich traf auf Lisa Röckener, von der ich schon einiges gehört hatte und bat sie um Hilfe. Wir starteten das Training im Januar 2018. Bei unserem ersten Training erfasste Lisa die Situation in Nullkommanichts. „Ohje, Dagmar hat Angst vor ihrem Pferd“. Wir begannen mit der Bodenarbeit, bei der ich lernte durch kurze prägnante Geräuschkommandos mit eindeutiger Körpersprache, mit Geduld und Freundlichkeit aber auch durch Konsequenz mein Pferd zu konditionieren. Ich hatte seine ganze Aufmerksamkeit und er verstand schnell, was ich von ihm wollte. Vorwärts, rückwärts, seitwärts, um mich herum, im Schritt, Trab oder Galopp. Wenden, drehen, bleiben, kommen ... wenn meine Koordination etwas besser wäre, könnte man beinahe von Tanzen sprechen. Der Spanische Schritt folgte und viele Lektionen mehr. Das Vertrauen wuchs. Er ging mit mir überall hin, ging auf mein Kommando allein in den Pferdeanhänger und akzeptierte angstfrei meine Kommandos.

Empré – der kleine Spanier hat sich sowohl am Boden als auch beim Reiten toll entwickelt.

Jetzt kam das Reiten hinzu. Das bisher gewachsene Vertrauen machte sich bezahlt. Wir konnten endlich anfangen ernsthaft an den Lektionen zu arbeiten. Ein Unterricht mit viel Anschauung, Frohsinn und Erfolgserlebnissen. Selbst das zügellose Reiten mit dem Halsring habe ich schon in mein Trainingsrepertoire aufgenommen. Es geht stetig aufwärts.
Inzwischen reite ich meinen spanischen Wallach auch zu Hause wieder allein, ohne meinen Mann zu bitten stundenlang in Alarmbereitschaft neben mir zu stehen.

Neben dem Ziel der klassischen Dressur wünsche ich mir sehnlichst, auch mit ihm **allein** in den Wald reiten zu können. Ich bin sicher … das wird kommen.
Danke, Lisa Röckener, für dein Einfühlungsvermögen, deine Geduld und deine Fröhlichkeit, mit denen du dein Wissen vermittelst. Ohne dich wäre Empre wahrscheinlich nicht mehr bei mir."
Solche Worte geben mir so viel Kraft und Motivation weiterzumachen.
Egal, was ich in meinem Leben noch machen werde – diese Augenblicke und Erfolge nimmt mir keiner mehr!

Egal, ob Spanier oder Hannoveraner – ich habe einfach Spaß mit den Vierbeinern!

NEID IM REITSPORT

Wir reiten, da es unsere Leidenschaft ist und weil wir Freude daran empfinden, etwas mit dem Pferd zusammen zu unternehmen, oder? Mir fällt immer wieder auf, wie viele Reiter mit viel zu viel Druck und Ehrgeiz an die ganze Sache herangehen. Ehrgeiz ist perse nichts Schlechtes, solange es nicht zu viel wird. Wir haben oft auf Turnieren den Wettkampfgedanken im Kopf. Wir wollen gut abschneiden, unsere Resultate des Trainings zeigen und Spaß dabei haben.
Wieso sieht man dann auf Turnieren oft verärgerte oder weinende Kinder, die sauer auf ihr Pony/Pferd sind? Es gibt sicherlich Situationen, die doof laufen und vom Reiter nicht beeinflussbar sind. Dennoch bestrafen wir unsere Vierbeiner häufig viel zu stark, obwohl es eigentlich gar nicht so schlecht war und lediglich unsere Erwartungen nicht im vollem Umfang erfüllt wurden.

Ob Drahtesel oder Pferd – beim Thema Reiten halten wir zusammen.

Ein bisschen Spaß muss sein – auf der Schafsweide geht das gut.

Passen unsere Erwartungen nicht mit dem Ergebnis zusammen, löst dies häufig Enttäuschung aus. Ein Reiter, der sein Geld allein mit dem Reitsport verdient, hat sicherlich mehr Druck, den er trotzdem nicht am Pferd auslassen sollte. Viele Kinder, Jugendliche und auch Erwachsene betreiben diesen Sport jedoch als Hobby. Wir stecken viel Zeit, Geld und Liebe in dieses Hobby und fahren zum Turnier, damit wir Ergebnisse zeigen können. Auch wenn es nicht immer super läuft, sollten wir doch viel mehr aus den Erfahrungen lernen, anstatt den Kopf in den Sand zu stecken oder unzählige Ausreden zu finden. Manchmal klappt es einfach nicht und Punkt. Ohne „wenn, ... aber, ... hätte ...".
Die Erfahrungen auf dem Turnier zu hinterfragen ist sicherlich gut, aber wir sollten uns mehr das Positive heraussuchen und mit neuem Elan an die Bearbeitung der Schwächen treten. Auch zwischen den Reitern kommt es immer wieder zu den typischen „Bandengesprächen", bei dem es alle besser wissen.

Online wird auf vielen Reitern rumgehackt, obwohl man womöglich nur eine Momentaufnahme anhand eines Bildes sieht, und auf dem Turnier wird über andere Reiter gelästert.
Ich denke, wir sollten deutlich mehr unser eigenes Handeln hinterfragen und uns an den Stärken anderer bereichern.
Wir sollten uns gegenseitig unterstützen, Tipps geben und Verbesserungsvorschläge annehmen. Jeder hat seine Stärken und Schwächen. Im Austausch können wir die Schwächen verkleinern und die Stärken wachsen lassen. Ein kleines „Hey du, schöner Ritt – dein Großer entwickelt sich echt gut, tolle Arbeit" reicht häufig, um dem anderen ein Lächeln ins Gesicht zu zaubern.
Diese Komplimente sollten ehrlich sein und wirklich passen. Oftmals verkneifen sich die Leute dies jedoch und reden anschließend mit anderen dann über das missglückte Halten in der Prüfung oder den Fehler am Aussprung der Kombination. Wir teilen alle dieselbe Leidenschaft. Das sollte uns doch zusammenschweißen!

SOCIAL MEDIA

Influencer – das ist dieser „tolle“ Begriff, den ich selber kaum noch hören kann. Nicht, weil mir die Arbeit nicht gefällt, sondern der Begriff meiner Meinung nach einfach blöd getroffen ist. Ich habe nie geplant, mein Leben online so offen zu präsentieren. Ich wollte nach meinem Abitur Lehrerein werden. Studieren, mein Referendariat machen und arbeiten – so, wie es viele machen.
Doch die Arbeit mit den Pferden hat mich schon immer begleitet, wie ihr am Anfang des Buches mitbekommen habt. So hat sich Stück für Stück diese „Onlinewelt“ aufgebaut, die jetzt ein riesengroßer Teil meines Lebens ist. Wisst ihr was? Mir fiel es früher sehr schwer, ein Referat zu halten. Ich hatte Angst zu versagen oder mich zu versprechen. Ich habe oft am ganzen Körper gezittert und Tage vorher schon nicht richtig schlafen können. Ich war nie der Klassenclown, nie diejenige, die immer mitten drin war. Ich war eher die graue Maus am Rande. Meine Schule war wirklich gut, aber in der Klasse habe ich mich nie zu 100% wohlgefühlt. Das lag nicht an den Menschen, sondern an mir. Nie hätte jemand gedacht, dass ich mal Lehrerin werden würde.
Doch durch die ersten Begegnungen mit Kameras und Videodrehs, später auch Interviews und Shootings bin ich aufgeblüht. Ich habe etwas gefunden, was ich kann. Etwas, was mich glücklich macht und wofür mich viele Menschen bewundern.
Ich fühle mich meistens sicher in dem, was ich dort mache und habe seltener Angst zu versagen. Warum schreibe ich „meistens“ und „selten“? Ich bin sehr offen in diesem Buch und merke beim Schreiben schon, dass ich mir immer mehr von der Seele schreibe. So möchte ich auch hier ehrlich zu euch sein und euch sagen: Ich habe immer noch Angst – diese Angst ist jedoch anders. Ich liebe meine Arbeit und die Reisen mit den Pferden. Ich mag die Videodrehs und Shootings. Dennoch habe ich immer mal wieder Angst, dass ich nicht gut genug bin. Ich zweifle sehr häufig an mir und frage mich manchmal: „Habe ich das verdient? Mache ich das wirklich so gut, wie es mir Hunderte von Leuten jeden Tag schreiben?“ Ich kämpfe nicht mit dem Gedanken, ob andere „besser“ sind als ich.
Ich sage immer wieder, dass es viele Reiter gibt, die deutlich besser reiten und auch viele Menschen, die die Freiarbeit viel besser beherrschen.

Galopp ist Valoos Stärke und macht uns am meisten Spaß.

Ich möchte auch nicht die Beste von allem sein, sondern meine Art und Weise mit dem Pferd umzugehen nach außen tragen. Wenn ich eine Show reite, und es läuft gut, dann kann ich den Applaus annehmen. Ich gehe total auf und bin umgeben von unzähligen schönen Emotionen und Gedanken. Ich liebe es einfach.

Sobald ich aber zu Hause bin und ein wenig ins Grübeln komme, dann hinterfrage ich alles. Mein Leben in Bezug auf das Studium und andere Dinge, meine Reitweise und mein Können. Ich bleibe fair zum Pferd und hinterfrage auch nicht, ob ich irgendetwas „Verbotenes“ oder „Schlechtes“ mache. Fehler okay – die macht jeder und das ist normal. Ich frage mich nur, ob ich das wirklich so gut kann?

In der Uni hatte ich nie die allerbesten Noten, obwohl ich viel gemacht habe. Ich bin sehr ehrgeizig und möchte alles was ich anfange auch gut zu Ende bringen. Doch das kann ich nicht immer, und das bringt mich immer wieder zum Zweifeln – obwohl es keinen richtigen Grund dafür gibt. Niemand ist perfekt, und

Eigentlich bräuchte ich kein Sofa – Valoo ist mindestens genauso gut!

mit so hohen Zielen muss man auch „schlechte Erfahrungen" einstecken. Bei Videodrehs oder Shootings für Kunden überlege ich oft, warum sie gerade mich gebucht haben. Liefere ich eigentlich wirklich gute Dinge ab? Wenn der Kunde nicht zu 100% mit den Ergebnissen zufrieden ist, stelle ich mich gleich in den Schatten. Genauso schmeißt mich eine blöde Bemerkung neben hunderten liebevollen Nachrichten aus der Bahn.

Ja, ich bin eine Person des öffentlichen Lebens und bin damit eine Zielscheibe auch für unschöne Nachrichten. Aber muss ich mir aus diesem Grund alles gefallen lassen? Wenn ihr wüsstet, was für Nachrichten auf den Social-Media-Seiten manchmal verteilt werden ... Ich habe noch sehr viel Glück und eine wirklich tolle Community. Anders hätte ich diesen Job wohl schon an den Nagel gehängt. Konstruktive Kritik ist immer herzlich willkommen, und diese brauche ich auch, um mich weiterzuentwickeln. Blöde Kommentare und fiese Nachrichten hingegen sollte ich eigentlich ignorieren. Leicht gesagt – für mich schwer umzusetzen. Auch den Satz: „Influencer – das ist doch keine Arbeit!", kann ich nicht mehr hören, und er verletzt mich jedes Mal aufs Neue.

Na klar, ich kann mein Hobby mit meinem Beruf verbinden (was nicht immer ein riesen Vorteil für das Hobby ist) und darf geniale Dinge erleben. Aber dass ich nachts häufig stundenlang am Schreibtisch sitze, zu Meetings fliege oder ewig fahre und von morgens bis morgens gut durchgeplant sein muss, das sehen viele nicht. Andererseits möchte ich mich eben nicht beschweren und spreche diese Themen nicht oft online an – denn: Ich bin trotzdem dankbar für diesen JOB!

GLÜCKLICH SEIN

Auch wenn sich das alles eher negativ anhört, bin ich immer noch überglücklich, diesen Weg gehen zu dürfen. All diese wunderschönen Momente und Erfahrungen, die ich schon machen durfte, sind unbezahlbar.

Dennoch habe ich nun einen Entschluss getroffen. Ich werde meine Ausbildung, die aus dem Studium und dem Referendariat besteht, zu Ende bringen. Demnach werde ich mit dem Reitsport etwas kürzer treten müssen, um 18 Monate lang noch einmal im Referendariat durch eine wahrscheinlich sehr anstrengende Zeit gehen zu können. Doch ich möchte etwas Sicheres in der Hand und einen zweiten Beruf griffbereit haben.

Die Selbstständigkeit als „kleine Unternehmerin" ist wirklich nicht so einfach, wie ich sie mir vorgestellt habe. Die Nachfrage ist sehr, sehr hoch, was mich wirklich freut. Dennoch komme ich manchmal dank der Bürokratie in Deutschland an meine Grenzen.

Mit dem Abschluss der Ausbildung zur Lehrerin werde ich ein weiteres Ziel geschafft haben und kann danach immer noch entscheiden, ob ich mich mehr dem Reitsport widme oder diesen wieder allein zu meinem Hobby werden lasse. Egal, wie es ausgeht: Ich könnte nicht dankbarer für diesen Weg sein und werde mich mein Leben lang an den verschiedenen Aufnahmen und Texten erfreuen!

Am schönsten sind die Fotos mit echten Emotionen – Lachen, glücklich sein und sich nicht verstellen!

Zum guten Schluss: Motivation, Mut und Träume

Zum Abschluss lasst mich noch ein paar letzte Worte loswerden. Ich kann es nicht oft genug sagen, aber ich bin so dankbar für die Zeit, die ich bislang erleben durfte. Ich hatte viele Tiefs und unendliche viele Höhen in meinem Leben.
Ich habe oft geweint, war verzweifelt und vor Freude Luftsprünge bis in den Himmel gemacht. Das Leben ist wie eine Achterbahn. Ich habe das Glück und habe aus dem, was mir gegeben wurde ein paar schöne Dinge formen können.
Allerdings darf der Schein nicht trügen. Auch ich musste mich durch viele Dinge durchkämpfen.
Sei es der Start in die Selbstständigkeit neben einem Vollzeitstudium mit einem Pendelweg von über einer Stunde pro Weg oder das Einarbeiten in Verträge und Finanzkram, Steuern und vieles mehr. Ich möchte mich in keinem Fall über mein Leben beschweren.
Jeder hat sein Päckchen zu tragen, und auch ich habe hier und da Momente gehabt, in denen ich nicht mehr weiterwusste und alles aufgeben wollte. Ich möchte euch aber zeigen, dass man mit ein bisschen Selbstdisziplin und den richtigen Menschen an der Seite so viel erreichen kann. Neben einem tollen Partner steht auch eine wundervolle Familie hinter meiner Arbeit.
Meine Eltern und auch meine Geschwister stehen hinter den Dingen, die ich mache. Ich habe tolle Trainingsmöglichkeiten auf dem Hof meiner Eltern und durfte schon in meiner Kindheit so viel erleben. Ich habe früh gelernt, was es heißt, eigene Tiere zu besitzen und wie man diese Tiere behandeln muss. Meine Eltern haben mir in der Turnierzeit sehr viel Unterstützung gegeben, sind mit mir stundenlang zu irgendwelchen Lehrgängen und Sichtungen gefahren und haben mich auch nach erfolglosen Turnieren wieder aufgebaut.
Allerdings haben sie mir auch Grenzen gesetzt und mich von falschen Wegen bewahrt. Dafür bin ich ihnen mein Leben lang dankbar. Wenn ich einfach nur gestresst war von allem und nicht mehr weiterwusste, dann war Valoo derjenige, der mich wieder hochgezogen hat.
Ohne ihn gäbe es dieses Buch nicht, mein Leben hätte womöglich ganz anders ausgesehen, und vielleicht hätte ich nicht so viele tolle Dinge erleben dürfen, wie ich es bis jetzt getan habe.
Valoo wird immer mein Herzenspferd bleiben, auch wenn der Nachwuchs schon da ist. Ich hoffe einfach, dass ich noch ganz viel Zeit mit diesem wunderbaren Pferd verbringen darf und mache mir wieder einmal bewusst, wie dankbar ich dem Leben sein darf. Egal, wie viele Tränen manchmal fließen. Ich bin glücklich, dass ich ein Dach über dem Kopf habe, eine tolle Familie hinter mir steht und dass ich dieses wunderbare Pferd kennenlernen durfte.

Eure Lisa

SERVICE

Nützliche Adressen

Lisa Röckener
E-Mail: kontakt@lisaroeckener.de
Internet: lisaroeckener.de

Deutsche Reiterliche Vereinigung (FN)
Freiherr-von-Langen-Str. 13
D-48231 Warendorf
Tel. 02 581 – 63 620
E-Mail: fn@fn-dokr.de
Internet: fn-dokr.de

Vereinigung der Freizeitreiter und -fahrer in Deutschland (VFD)
Christiane Ferderer
Zur Poggenmühle 22
27239 Twistringen
Tel. 04 243 – 94 24 04
E-Mail: bundesgeschaefststelle@vfdnet.de
Internet: vfdnet.de

Österreichischer Pferdesportverband (OEPS)
Am Wassersprung 2
A-2361 Laxenburg
Tel. 02236 – 71 06 00
E-Mail: office@oeps.at
Internet: oeps.at

Schweizerischer Verband für Pferdesport (SVPS)
Papiermühlestr. 40 H
CH-3000 Bern 22
Tel. 031 – 33 54 343
E-Mail: info@fnch.ch
Internet: fnch.ch

marc-lubetzki.de
Wissen über wildlebende Pferde: Marc Lubetzki ist Tierfilmer und zieht aus seinen Beobachtungen von wild lebenden Pferde Rückschlüsse darauf, wie wir pferdegerecht handeln können.

pferdsein.de
Marlitt Wendt ist Verhaltensbiologin und veröffentlicht in ihrem Blog wöchentlich wichtige Denkanstöße rund um einen pferdegerechten Umgang.

wege-zum-pferd.de
Tania Konnerth und Babette Teschen zeigen auf ihrer Website pferdegerechte Wege der Ausbildung.

Zum Weiterlesen

Böhmke, Waltraud: **Bodenarbeit für Pferde,** 26 Parcours für Training und Prüfung; KOSMOS 2022
Auf den Reitplatz und los! Aber diesmal nicht zum Reiten, sondern um spannende und abwechslungsreiche Parcours für die Bodenarbeit zu üben. Die erfahrene Pferdewirtin und Trainerin Waltraud Böhmke stellt 26 Parcours mit verschiedenen Zielsetzungen vor: zur Gymnastizierung, für Gelassenheitstraining, Umgangsregeln und Geschicklichkeit. Die Übungsabläufe machen Spaß, fördern das Teamwork und dienen zugleich als gezieltes Training für die Abzeichenprüfung. Auch als E-Book erhältlich.

Hansen, Annica: **#Ponyliebe,** Mein Leben in 33 Listen, KOSMOS 2020
33 Listen zum Ankreuzen, Ausfüllen und Glücklich sein: die schönsten Pferdefarben, die liebste Ponyfreundin, Trainings- und Pflegetipps von Annica, alle Facts über ihre neuen Vierbeiner, mit Geburtstagskalender, Platz für Impf- und Wurmkurtermine und natürlich zum Sammeln, Reinschreiben und Erinnern an die eigenen Ponyerlebnisse und auch ganz viel Platz für Quatsch, Träume und Notizen. Auch als E-Book erhältlich.

Konnerth, Tania: **10 Wege zu meinem Pferd,** Wie Mensch und Pferd glücklich zueinander finden; KOSMOS 2018
Tania Konnerth stellt die zehn Grundprinzipien vor, die für ein glückliches Miteinander von Mensch und Pferd unerlässlich sind – von Respekt und Verstehen bis zu Führung und Freude. Das Buch bietet überraschende Denkanstöße für erfahrene Pferdemenschen genauso wie für Einsteiger und macht mit vielen emotionalen Fotos die enge Verbindung zwischen Mensch und Pferd sichtbar.

Meyners, Eckart: **Wie bewegt sich der Reiter?,** Bewegungsabläufe verstehen Sitz & Hilfengebung verbessern; KOSMOS 2016
Der Bewegungsexperte Eckart Meyners gibt einen Überblick über die Anatomie des Reiters auf Basis neuster wissenschaftlicher Erkenntnisse und macht verständlich, was beim Reiten im Körper passiert. Auch als E-Book erhältlich.

Obst, Katrin: **Fitnessstudio für mein Pferd;** KOSMOS 2018
Faszientraining, Muskelaufbau, Balance und Koordination – mit diesem umfassenden und abwechslungsreichen Physioprogramm für Pferde gelingt es, Verspannungen, Rückenleiden und anderen Beschwerden gezielt vorzubeugen. Das Ganzkörpertraining der erfahrenen Pferde-Physiotherapeutin Katrin Obst stärkt die Tiefenmuskulatur, verbessert die Beweglichkeit und hilft, Blockaden und Muskelprobleme zu vermeiden. Auch als E-Book erhältlich.

Schöpe, Sigrid: **Zirkustricks mit Pferden,** Gymnastizieren, Motivieren, Partnerschaft stärken, KOSMOS 2021
Zirkusarbeit begeistert alle! Egal ob Westernpferd oder Dressurcrack: Die Übungen bringen Abwechslung in den Trainingsalltag und stärken die Partnerschaft zwischen Pferd und Reiter. Dieses Buch zeigt die Vielfalt der Zirkusarbeit, von kleinen Tricks wie „Mützenklau" und „Decke ausziehen" bis zu anspruchsvollen Lektionen wie „Kompliment" und „Liegen". Die erfahrene Trainerin Sigrid Schöpe hat eine besondere Gabe, die Übungen einfach und nachvollziehbar zu erklären. Auch als E-Book erhältlich.

Teschen, Babette/Konnerth, Tania: **Praxiskurs Bodenarbeit;** KOSMOS 2013
Einen pferdegerechten, positiven und sanften Weg im Umgang mit ihrem Pferd suchen viele Pferdefreunde. Babette Teschen und Tania Konnerth zeigen, wie die Übungen Schritt für Schritt funktionieren und erklären stets auch das „Warum". Sie beginnen bei den Basisübungen über Spiel, Longieren und Gymnastizierung bis zur Freiarbeit. Auch als E-Book erhältlich.

Wild, Jenny/Claßen, Peer: **Übungsbuch Natural Horsemanship;** KOSMOS 2020
Pferde sind von Natur aus nicht für die moderne Welt der Menschen geschaffen: Lärm und Hektik, wenig Platz – all das verängstigt sie. Es liegt in der Verantwortung des Menschen, dem Pferd Sicherheit und Vertrauen zu geben, sodass die gemeinsamen Unternehmungen harmonisch ablaufen können. Das Rüstzeug hierfür bietet dieses Buch: Auch als E-Book erhältlich.

Register

A
Abstreichen mit der Gerte 56
Agility 96
Angst 132, 144
Anhalten 36
Aufsteigen 59
Aufwärmen 62ff
Ausritt 41

B
Baltic Horse Show 115ff

C
Cavallo-Cup 113

D
Dreh dich 74ff

E
Equitana 120ff, 133ff
Esel 12

F
Familie Röckener 10
Filme drehen 131
Fitness 62ff
Fohlen 123
Freies Reiten 71, 85, 86
Friese Otto 12
Froment, Alizee 116ff
Führen 32ff

G
Galopp an der Hand 38, 61
Gefühl 39, 142
Gelände 52ff
Gelassenheitstraining 28, 80
Gerte 35
Global Champions Tour Prag 136ff
Glücklich sein 151

H
Halsring 19
Halsringreiten 80ff
Hansen, Annica 134
Herbst 106
Horsemanship 41
Humpfrey 15ff, 23
Hund Kluntje 22

I
Impulse 84

K
Kennenlernen 29
Kommandos 33ff, 57
Komplimente 147
Kooperationen 127
Körpersprache 35
Kruppe herein 56ff
Kurse 141
Kussmund 34

L
Leckerlis 29
Lehrgänge 16, 94
Liegestütz 64
Loben 37
Losgehen 32ff

M
Missverständnisse 110
Mobbing 150
Motivation 152
Mut 152

N
Neid 146
Nordsee 17

P
Paraden 83
Partnerschaft 94
Pause 37, 59, 65
Pferdenamen 28
Plastikplanen 107
Podest 112
Pony Chaplin 14, 15
Pony Solaika 13, 14
Probereiten 26

R
Röckener, Familie 10
Röckener, Matthes 19, 124ff
Rückschritte 44
Rückwärtsrichten 50, 66ff
Rufen 90ff

S
Schreckhindernisse 107
Shootings 41, 120
Show 97, 108, 140ff
Social Media 120, 126ff, 148ff
Spanischer Schritt 73, 98ff
Springen 43, 112, 139
Springseil 97
Stimmsignale 46, 50, 61, 67, 83
Stretching 65
Studium 21ff, 128

T
Tagebuch 6, 29, 40, 42, 45, 54, 70, 72, 79, 95, 105, 109, 111, 116
Tellington-Jones, Linda 135
Trab an der Hand 38, 61
Trainingsgedanken 6
Trainingsprogramme 87ff
Träume 152
Turniere 55
Turniererfahrungen 14

U
Unfall 18, 132
Unterrichten 110, 141
Unterstützung 103

V
Valentin 24ff
Verladen 43
Vielseitigkeit 16ff, 96, 104
Vite Valoo 24ff
Volten 46ff
Volten im Galopp 49
Volten im Trab 49
Voody 72, 114, 130
Vorwärts-seitwärts 60

W
Warendorf 19
Warnung 32, 57
Watt 17
Wertnoten Turnier 55

Z
Zirkuslektionen 71
Züchter 24ff
Zügelhilfen 82

BILDNACHWEIS

Mit 200 Fotos aus dem Archiv von Lisa Röckener (Seite 11, 12, 13, 14, 15, 16, 17, 18, 19 li., 25, 26, 27, 28, 40, 44, 45, 52, 53, 54, 70, 72, 78, 89, 95, 96, 97, 105, 107, 109, 113 u., 116, 117, 132, 133), Gudrun Braun (Seite 134), Coralie Duda (Seite 22), Alizee Froment (Seite 118), Linda Lömker (Seite 41, 106), Barbara Schnell (Seite 121), Marie Schwertmann (Seite 19 re., 31, 51, 114, 115, 130 u.), Lenka Silhova (Seite 122, 136, 137) und Pauline von Hardenberg/ KOSMOS (Seite 42, 81, 82, 85, 87).

Alle anderen Fotos sind von Yvonne Voss und wurden teilweise für dieses Buch aufgenommen.

IMPRESSUM

Umschlaggestaltung von **die basis, Wiesbaden** unter Verwendung von zwölf Farbfotos von Pauline von Hardenberg / KOSMOS (Vorder- und Rückseite) und Yvonne Voss (Klappen).

Mit 212 Farbfotos.

Alle Angaben in diesem Buch erfolgen nach bestem Wissen und Gewissen. Sorgfalt bei der Umsetzung ist indes dennoch geboten. Verlag und die Autorin übernehmen keinerlei Haftung für Personen-, Sach- oder Vermögensschäden, die im Zusammenhang mit der Anwendung und Umsetzung entstehen könnten.

Gedruckt auf chlorfrei gebleichtem Papier

ISBN 978-3-440-16890-5
Redaktion: Gudrun Braun
Gestaltung und Satz: Atelier Krohmer, Dettingen/Erms
Produktion: Claudia Frank
Druck und Bindung: Westermann Druck Zwickau GmbH, Zwickau
Printed in Germany / Imprimé en Allemagne

FSC
www.fsc.org
MIX
Papier | Fördert gute Waldnutzung
FSC® C110508

Trainingstipps — für Pferdefreunde

96 Seiten, ca. € (D) 13,00

Lisa Röckener ist im Internet ebenso zu Hause wie auf dem Rücken ihrer Pferde. In ihrem ersten Buch hat sie nützliche Tipps und Tricks aus dem Leben mit ihren Pferden zusammengestellt. Ihre Empfehlungen fürs tägliche Training reichen von der Bodenarbeit bis zum Reiten mit Halsring. Bei den Pferde-Hacks finden auch erfahrene Reiterinnen und Reiter tolle Tipps, vom Füttern und Equipment bis zum Pulsmessen und Putzen. So lässt sich viel Zeit und Geld sparen und die Pferde fühlen sich wohl.

Für Olympiasiegerin Ingrid Klimke ist das Reiten über Bodenricks ein Schlüssel zum Erfolg. Jedes Pferd, egal in welcher Disziplin es geritten wird, profitiert von der Arbeit mit Cavaletti.
Cavaletti-Training dient der Gymnastizierung, verbessert die Grundgangarten, fördert Takt, Losgelassenheit und steigert zudem die Motivation und Fitness Ihres Pferdes.
Dieser Ratgeber zeigt die Cavaletti-Arbeit an der Longe, liefert wertvolle neue Anregungen für die Dressurarbeit sowie zahlreiche aktualisierte Aufbauskizzen für die Springgymnastik.

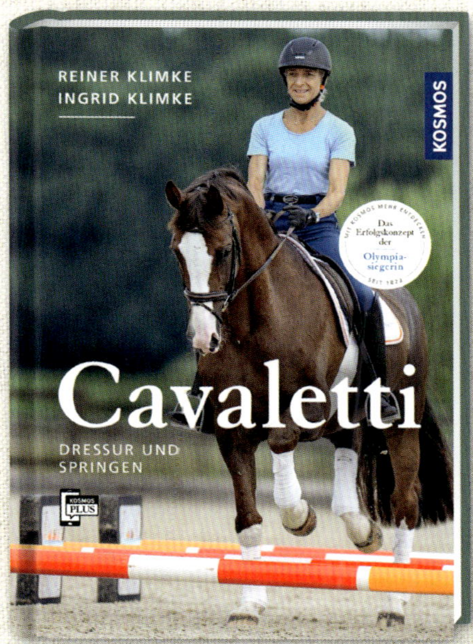

168 Seiten, € (D) 32,–

kosmos.de

Cavallo